设 计 师 的
服装
色彩搭配手册

李芳————编著

清華大學出版社
北 京

内 容 简 介

本书是一本全面介绍服装配色设计的图书，其突出的特点是知识易懂、案例趣味、实践性强、发散思维。

本书从学习服装配色设计的基础理论知识入手，循序渐进地为读者呈现一个个精彩实用的知识、技巧、色彩搭配方案和CMYK数值。本书共分8章，内容分别为服装设计的基础知识、认识色彩、服装的用途与色彩、服装的风格与色彩、服装的面料与色彩、服装的图案与色彩、服装潮流元素搭配、服装配色的经典技巧。在多个章节中安排了常用主题色、常用色彩搭配、配色速查、色彩点评、推荐色彩搭配等经典模块，丰富本书内容的同时，也增强了实用性。

本书内容丰富、案例精彩、服装配色设计新颖，适合服装设计、平面设计等专业的初级读者学习使用，也可以作为大中专院校服装设计专业、平面设计专业及设计培训机构的教材，还特别适合喜爱服装配色设计的读者朋友作为参考书。

图书在版编目(CIP)数据

设计师的服装色彩搭配手册 / 李芳编著. 北京：清华大学出版社，2020（2021.9重印）
ISBN 978-7-302-54114-1

Ⅰ. ①设… Ⅱ. ①李… Ⅲ. ①服装色彩—设计—手册 Ⅳ. ①TS941.11-62

中国版本图书馆CIP数据核字(2019)第242622号

责任编辑：韩宜波
封面设计：杨玉兰
责任校对：周剑云
责任印制：沈 露

出版发行：清华大学出版社
　　　　　网　　　址：http://www.tup.com.cn，http://www.wqbook.com
　　　　　地　　　址：北京清华大学学研大厦 A 座　　　　　邮　　编：100084
　　　　　社 总 机：010-62770175　　　　　　　　　　　　邮　　购：010-62786544
　　　　　投稿与读者服务：010-62776969，c-service@tup.tsinghua.edu.cn
　　　　　质 量 反 馈：010-62772015，zhiliang@tup.tsinghua.edu.cn
印 装 者：涿州汇美亿浓印刷有限公司
经　　销：全国新华书店
开　　本：185mm×210mm　　　印　　张：8.6　　　字　　数：163 千字
版　　次：2020 年 1 月第 1 版　　　印　　次：2021 年 9 月第 2 次印刷
定　　价：69.80 元

产品编号：082860-01

　　本书是从基础理论到高级进阶实战的服装设计书籍，以配色为出发点，讲述服装设计中配色的应用。书中包含了服装配色设计必学的基础知识及经典技巧。本书不仅有理论知识和精彩案例赏析，还有大量的色彩搭配方案、精确的CMYK色彩数值，让读者既可以赏析，又可作为工作案头的素材书籍。

本书共分8章，具体安排如下。

　　第1章为服装设计的基础知识，介绍服装配色设计的含义；服装的造型设计；服装设计中的点、线、面；服装设计的基本流程；服装设计的色彩印象等。

　　第2章为认识色彩，包括色相、明度、纯度、主色、辅助色、点缀色、色相对比、色彩的距离、色彩的面积、色彩的冷暖。

　　第3章为服装的用途与色彩，包括运动装、商务职业装、婚纱礼服、家居服、演出服装、度假服、工装、学生服。

　　第4章为服装的风格与色彩，包括韩版风格、中性风格、朋克风格、欧美风格、学院风格、OL通勤风格、田园风格、民族风格、波西米亚风格、洛丽塔风格、哥特风格、森女风格、嬉皮士风格、英伦风格、维多利亚风格。

　　第5章为服装面料与色彩，包括雪纺面料、蕾丝面料、针织面料、丝绸面料、棉麻面料、呢绒面料、皮革面料。

　　第6章为服装的图案与色彩，包括动物、植物、人物、风景、几何。

　　第7章为服装潮流元素搭配，包括鞋、帽、包、围巾、首饰。

　　第8章为服装配色的经典技巧，精选了9个设计技巧进行介绍。

本书特色如下。

- **轻鉴赏，重实践。**

  鉴赏类书只能看，看完自己还是设计不好，本书则不同，增加了多个动手的模块，让读者可以边看边学边练。

- **章节安排合理，易吸收。**

  第1、2章主要讲解服装配色设计的基本知识；第3~7章介绍服装配色设计的用途与色彩、风格与色彩、面料与色彩、图案与色彩、潮流元素搭配；第8章以轻松的方式介绍9个设计技巧。

- **设计师编写，写给设计师看。**

  针对性强，而且知道读者的需求。

- **模块超丰富。**

  常用主题色、常用色彩搭配、配色速查、色彩点评、推荐色彩搭配在本书都能找到，一次满足读者的求知欲。

- **本书是系列图书中的一本。**

  在本系列中读者不仅能系统学习服装配色设计基本知识，而且还有更多的设计专业知识供读者选择。

  本书希望通过对知识的归纳总结、趣味的模块讲解，打开读者的思路，避免一味地照搬书本内容，推动读者必须自行多做尝试、多理解，增加动脑、动手的能力。希望通过本书可以激发读者的学习兴趣，开启设计的大门，帮助您迈出第一步，圆您一个设计师的梦！

  本书由李芳编著，其他参与编写的人员还有董辅川、王萍、孙晓军、杨宗香。

  由于作者水平有限，书中难免存在错误和不妥之处，敬请广大读者批评和指出。

编　者

CONTENTS 目 录

第2章
认识色彩

第3章
服装的用途与色彩

第4章
服装的风格与色彩

第7章

服装潮流元素搭配

第8章

服装配色的经典技巧

1

第1章
服装设计的
基础知识

　　色彩是服装设计中的重要组成部分，色彩可以影响服装风格、面料质感，而充分掌握色彩色相、明度、纯度属性，并合理调和搭配色彩，能够使服装色彩与服装整体造型设计和谐、统一地融为一体。

　　服装色彩搭配应秉承和谐与对比的差异原则。太过一致的色彩搭配会显得单调乏味；而色彩过于缤纷又会给人杂乱无章的感觉。

　　根据不同受众人群的职业特点以及性格特征，在不同的季节，应制定适宜的服装搭配方案。

说到"服装"自然不会陌生，服装设计是结合穿着者的性格特征、出行场合以及流行元素进行构思，绘制草稿效果图，然后逐步改进完善。服装设计不是一味地模仿，要具有独特的、潮流的审美价值。

想要将一件服装呈现在人们面前需要经过很多道工序：分析设计，收集资料，设计构思，绘制草图，设计调整，规格设计，剪裁排料，缝制整烫，完成和评价等。

服装设计要以人体作为造型基础，讲究服装整体的色彩和谐搭配。而且优秀的服装设计不仅可以遮盖身材上的某些缺陷，还可以将优点放大。

1.2 服装的造型设计

服装造型设计是指服装的廓型和细节样式。廓型是服装造型的基础，而且服装的廓型仅次于服装色彩对人们的吸引力，外轮廓的结构设计包括字母形、几何形、物态形等。

1.2.1 字母形轮廓

A形廓型： A型服装能够弱化肩部，强调宽大的下摆，给人青春活泼、朝气蓬勃的印象。而且能掩盖身体的很多缺点。

H形廓型： H型服装与身体的贴合度适中，通常稍带男性化的感觉，强调肩部造型，常用于风衣、居家装，给人干练，精神的感觉。

S形廓型： S形服装多为女性服装，通过结构上的变化设计，获得体现"S"形曲线美的效果。

X形廓型： X形的服装款式上肩部比较夸张，腰部收紧，下摆扩大，能够吸引人们的注意力，极具独特的美感。

1.2.2　几何形轮廓

方形：方形服装的造型具有合体、舒适、简洁的特点，能够凸显修长的身材。

梯形：梯形服装有正梯形和倒梯形之分，具有大方、庄重的风格特点。

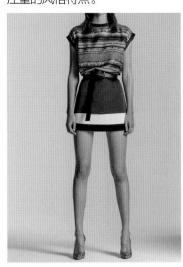

1.2.3　物态形轮廓

气球形：气球形服装上身较为宽松，呈现球形；而下身则保持直线形。

瓶形：瓶形服装具有较为合适的肩部，而在腰部收紧，通常在中间部分则设计得较为夸张和突出。

点、线、面是服装设计中的基本艺术表现手法。他们不仅可以单独使用，也可以结合起来综合运用。运用得当，可以使服装更富有层次感。

1.3.1 点

点在服装造型中是无处不在的，点是没有固定的大小和形体的，虽然面积较小，却占据着主要位置，具有引人注目的作用。在服装设计中，点可以形成聚合形态的形状，构成视觉中心。

1.3.2 线

线是由点的运行所形成的轨迹，又是面的边界。线在服装设计中是构成形体的框架，不同数量的线以及线的方向，所构成的形态与质感各有不同，它能够令服装造型更具有节奏感。

1.3.3 面

面是由线移动构成的结构。面在服装设计中是由空间构成的，而面的多种组成部分可构成立体。因此，面也能够为服装带来丰富的表现。

1.4 服装设计的基本流程

对于想跨入服装设计行业或是刚起步的人来说，服装设计的基本流程大致可分为几个步骤：收集资料定制设计需求、设定方案制作样品、结构设计后期调试、市场检验。

1.4.1 收集资料定制设计需求

在进行服装设计之前，主要的工作就是查阅相关资料，进行市场调研，寻找新的创新突破点，可以根据当今的流行趋势寻找灵感。

1.4.2 设定方案制作样品

在进行服装结构设计之前一定要确定服装规格，所谓服装规格就是服装各个部位的尺寸。规格是参照设计师设计的最终服装效果与大部分穿着者的穿着感受来对比。

1.4.3 结构设计后期调试

样品制作完成后，为确保成衣的质量与穿着感受，通常应先将结构设计完成的衣片进行假缝处理。这样可以发现设计中不合理或需要修改的地方，从而更加完善服装合理美观的细节内容。

1.4.4 市场检验

成衣制作之后都需要上市，而市场就是检验设计成果的唯一标准。服装行业尤其是如此，通常销量好就代表服装设计得好。

1.5 服装设计的色彩印象

　　服装色彩可以赋予服装整体设计最为直观的视觉印象。结合穿着者的性格体征，以及出行场合，巧妙运用合理的色彩搭配，能够赋予不同款式衣物新的生命。"缤纷多彩"似乎并不能与日常服装搭配挂上钩，挑选适合自己的服装配色，才能够充分展现出自己的穿衣风格品味。

■ 低纯度颜色的服装色彩搭配，有着低调亲切的特性。

■ 低纯度色彩服装配饰，常给人以温婉、谦逊、善良、宽容的视觉印象。

■ 色彩搭配同样忌讳暗色与暗色的搭配方法，暗色能够起到一定的收缩视觉作用。

■ 如果服装色彩搭配全部选用暗色与暗色的色彩调配，就会给人过于深沉压抑的感觉。

■ 相近色服装搭配会体现穿着者的温文儒雅，对比色搭配给人以惊艳、强烈的感觉。

■ 遵循合理的配色规律，结合自己的身体特征、肤色、气质以及出行场合，挑选最为适合自己的色彩搭配。

■ 较为丰腴的穿着者不适宜色彩饱和度较低的纯色单品，或花纹色彩过于繁乱的衣物。

■ 身材较矮的穿着者可以尝试低饱和度色彩服装，搭配亮度高的帽饰。

■ 无论选用何种色彩搭配方案进行组合都应呈现出服装整体造型的和谐、统一。

■ 服装色彩也与材质面料和剪裁有着密不可分的联系。

■ 根据不同受众人群的职业特点以及性格特征，在不同季节，应选择适宜的服装搭配方案。

2

第2章
认识色彩

　　色彩由光引起，由三原色构成，在太阳光下可分解为红、橙、黄、绿、青、蓝、紫等色彩。它在服装设计中的重要程度不可言喻，可以吸引观者注意力，抒发人的情感。通过各种颜色的搭配调和，还会使特定的群体形成一定的搭配特点，比如说儿童服装多以鲜艳明亮色调为主、女性服装多以典雅高贵的色调呈现，而男性服装则多选择厚重、沉稳的颜色，所以说掌握好色彩是服装设计的关键环节。

红—750～620nm

橙—620～590nm

黄—590～570nm

绿—570～495nm

青—495～476nm

蓝—475～450nm

紫—450～380nm

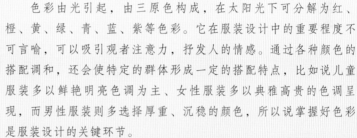

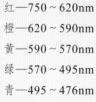

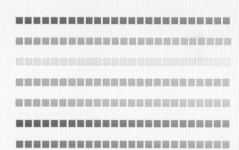

色相是色彩的首要特征，由原色、间色和复色构成。从光学意义上讲，色相的差别是由光波的长短所决定的。

■ 任何黑白灰以外的颜色都有色相。

■ 色彩的成分越多它的色相越不鲜明。

■ 日光通过三棱镜可分解出红、橙、黄、绿、青、紫6种色相。

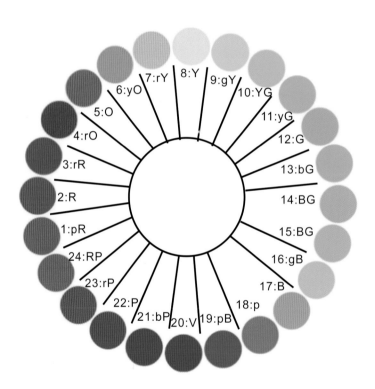

明度是指色彩的明亮程度，是彩色和非彩色的共有属性，通常用0~100%的百分比来度量。

例如：

■ 蓝色里不断加黑色，明度就会越来越低，而低明度的暗色调，会给人一种沉着、厚重、忠实的感觉。

■ 蓝色里不断加白色，明度就会越来越高，而高明度的亮色调，会给人一种清新、明快、华美的感觉。

■ 在加色的过程中，中间的颜色明度是比较适中的，而这种中明度色调会给人一种安逸、柔和、高雅的
感觉。

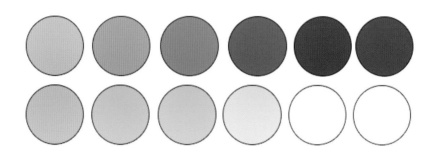

　　纯度也称为色彩的彩度，是指色彩中所含有色成分的比例，比例越大，纯度越高。

■ 高纯度的颜色会使人产生强烈、鲜明、生动的感觉。

■ 中纯度的颜色会使人产生适当、温和、平静的感觉。

■ 低纯度的颜色就会使人产生一种细腻、雅致、朦胧的感觉。

　　　纯度高　　　　　中纯度　　　　　纯度低

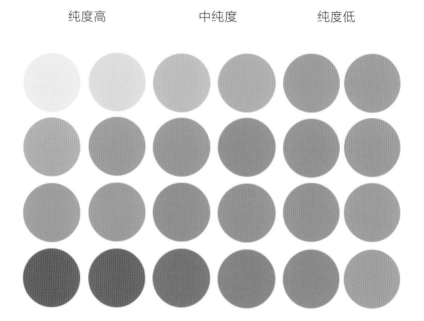

主色、辅助色、点缀色是服装设计中不可缺少的构成元素。主色决定着服装设计中的主基调，而辅助色和点缀色都将围绕主色展开运用。

2.2.1 主色

主色好比人的面貌，是区分人与人的重要因素，担任着服装设计的主角，占据着服装的大部分面积，对整个服装设计起着决定性的作用。

该服装搭配适合女性居家休闲时穿着。服装整体选用大面积的明黄色作主色，加以小面积的蓝色和红色作点缀，极具活跃休闲气息。毛领的装饰强调了服装的保暖性。

推荐配色方案

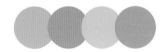

CMYK: 50,6,69,0　　CMYK: 2,66,32,0
CMYK: 48,0,18,0　　CMYK: 9,55,86,0

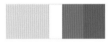

CMYK: 10,19,80,0　　CMYK: 0,0,0,0
CMYK: 0,92,67,0　　CMYK: 86,69,0,0

CMYK: 30,0,86,0　　CMYK: 7,3,34,0
CMYK: 26,42,2,0　　CMYK: 41,88,77,4

该服装搭配适合女性日常休闲时穿着。服装以浅优品紫红色为主色，加以蓝黑色、红色、橙黄等鲜艳的颜色作点缀，整体搭配凸显休闲的同时，更透露出一丝柔美和典雅。

推荐配色方案

CMYK: 47,65,4,0　　CMYK: 78,100,51,22
CMYK: 84,51,100,17　　CMYK: 13,25,89,0

CMYK: 10,24,4,0　　CMYK: 89,90,62,45
CMYK: 9,30,76,0　　CMYK: 27,93,86,0

CMYK: 62,40,100,1　　CMYK: 10,7,7,0
CMYK: 41,63,0,0　　CMYK: 17,87,65,0

2.2.2 辅助色

辅助色在服装中的面积仅次于主色，最主要的作用就是突出主色以及更好地体现主色的优点，具有补充、辅助的作用。

该服装搭配适合男性在日常休闲时穿着。服装以水青色为主色，加以青绿色作辅助色，深红色作点缀，大面积的冷色调搭配小面积的暖色调，极具对比效果。

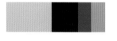

CMYK: 54,13,0,0
CMYK: 91,88,81,74
CMYK: 42,100,91,9
CMYK: 78,23,41,0

推荐配色方案

CMYK: 82,43,18,0　　CMYK: 8,50,74,0
CMYK: 32,7,48,0　　CMYK: 45,86,100,13

CMYK: 63,3,23,0　　CMYK: 70,38,64,0
CMYK: 8,50,74,0　　CMYK: 4,20,62,0

该服装搭配适合女性在出门约会时穿着。服装以苹果绿色为主色，加以浅褐色作辅助色，充分营造出清新、甜美的视觉感。

CMYK: 57,14,79,0
CMYK: 33,66,67,0
CMYK: 6,31,22,0

推荐配色方案

CMYK: 62,0,50,0　　CMYK: 14,5,37,0
CMYK: 55,77,100,30　CMYK: 57,28,0,0

CMYK: 75,8,92,0　　CMYK: 44,27,81,0
CMYK: 10,3,28,0　　CMYK: 56,100,93,47

2.2.3　点缀色

　　点缀色主要起到衬托主色调及承接辅助色的作用，通常在整体服装设计中占据很少一部分。点缀色在整体设计中具有至关重要的作用，能够为主色与辅助色搭配做到很好的诠释，能够使整体设计更加完善具体，丰富整体服装设计的内涵细节。

　　该服装搭配适合女性在日常休闲时着装。服装以蝴蝶花紫色为主色，以黑色作辅助色，芥末绿色作点缀，再以光泽感编制面料制作而成，整体造型现代感十足。

CMYK：59,87,42,2
CMYK：39,19,72,0
CMYK：86,86,76,67

推荐配色方案

CMYK：61,90,0,0　　　CMYK：31,16,65,0
CMYK：96,78,48,12　　CMYK：56,100,93,47

CMYK：71,10,100,0　　CMYK：27,42,59,0
CMYK：7,6,36,0　　　　CMYK：66,53,18,0

　　该服装搭配适合女性在日常穿着。服装以深蝴蝶蓝色作主色，以浅粉色作点缀，在休闲舒适中融入柔美、温和的气息。

CMYK：100,100,58,13
CMYK：0,24,12,0
CMYK：4,5,14,0

推荐配色方案

CMYK：96,100,62,47　CMYK：41,53,5,0
CMYK：5,8,25,0　　　　CMYK：10,10,80,0

CMYK：30,43,0,0　　　CMYK：7,7,73,0
CMYK：61,9,56,0　　　　CMYK：94,100,45,2

色相对比是两种以上的色彩搭配时，由于色相差别而形成的一种色彩对比效果，其色彩对比强度取决于色相之间在色环上的角度，角度越小，对比相对越弱。要注意根据两种颜色在色相环内相隔的角度定义是哪种对比类型，定义是比较模糊的，比如15°为同类色对比、30°为邻近色对比，那么20°就很难定义，所以概念不应死记硬背，要多理解。其实20°的色相对比与30°或15°的区别都不算大，色彩感受非常接近。

2.3.1 同类色对比

■ 同类色对比是指在24色色相环中，相隔15°左右的两种颜色。
■ 同类色对比较弱，给人的感觉是单纯、柔和的，无论总的色相倾向是否鲜明，整体的色彩基调容易统一协调。

该服装搭配适合女性在出门约会时穿着。服装利用浅粉色小外套和玫瑰红色内搭连衣裙搭配而成，同类色的配色方式，使服装整体格调错落有致。

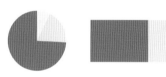

CMYK: 3,84,24,0　CMYK: 2,15,9,0
CMYK: 0,7,4,0

该服装搭配适合女性日常穿着。服装以米色的毛衣和驼色的百褶短裙搭配而成。同类色的配色方式，使穿着者举手投足尽显优雅、时尚。

CMYK: 13,24,19,0　CMYK: 20,48,49,0

2.3.2 邻近色对比

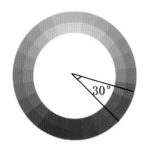

- 邻近色是在色相环内相隔30°左右的两种颜色。且两种颜色组合搭配在一起，会让整体画面获得协调统一的效果。

该服装搭配适合职业女性在日常上班时穿着。服装以蓝黑色为主色，以孔雀绿色作点缀，以白色内搭及孔雀绿色的高跟鞋作辅助，给人一种知性、时尚的穿着形象。

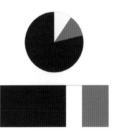

CMYK: 90,87,60,40　CMYK: 0,0,0,0
CMYK: 86,44,64,2

该服装搭配适合女性出席晚会时着装。服装以酒红色的皮草上衣和极具层次感的橘色半身裙搭配而成，加以同样红色的手包、橙色的高跟鞋，高饱和度的配色，展现出高贵、雅致的形象。

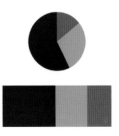

CMYK: 56,100,98,48　CMYK: 0,64,92,0
CMYK: 18,92,73,0

2.3.3 类似色对比

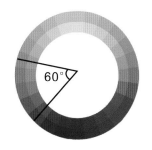

- 在色环中相隔60°左右的颜色为类似色对比。
- 例如红和橙、黄和绿等均为类似色。
- 类似色由于色相对比不强，给人一种舒适、温馨、和谐，而不单调的感觉。

　　该服装搭配适合职业女性在日常上班时穿着。服装以朱红色套装搭配一款深杏黄色的手提包作点缀，明亮的配色方式，给人一种知性、内敛的穿着形象。

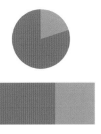

CMYK: 16,86,79,0　CMYK: 14,58,69,0

　　该服装搭配采用邻近色的配色方式搭配而成。以深绿色为主色，以深青色作辅助，二者上下呼应，形成强烈对比。再搭配一双紫色的鞋子，以及明亮的丝绸面料，为整体服装增添了一丝典雅的气息。

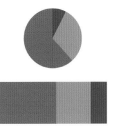

CMYK: 72,57,97,11　CMYK: 70,30,31,0
CMYK: 88,87,27,0

2.3.4 对比色对比

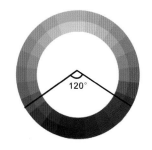

- 当两种或两种以上色相之间的色彩处于色相环相隔120°，甚至小于150°的范围时，属于对比色关系。
- 如橙与紫、红与蓝等色组，对比色给人一种强烈、明快、醒目、具有冲击力的感觉，容易引起视觉疲劳和精神亢奋。

该服装搭配适合女性在运动时穿着。整套服装以山茶红色的背心和石青色的紧身裤，以及灰色调的运动鞋搭配而成。对比色的配色方式，极具活跃感，很适合运动类服饰配色。

CMYK: 27,79,66,0　CMYK: 80,52,12,0
CMYK: 53,45,39,0

该服装搭配适合男性在日常休闲时穿着。整体服装采用阳橙色为主色，加以木槿紫色作点缀，对比色的配色，具有强烈的视觉冲击力，能使穿着者成为人群中较为显眼的存在。

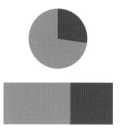

CMYK: 15,51,92,0　CMYK: 79,75,38,2

2.3.5 互补色对比

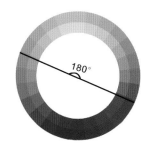

■ 在色相环中相隔180°左右为互补色。这样的色彩搭配可以产生最强烈的刺激作用，对人的视觉具有最强的吸引力。

■ 其效果最强烈、刺激，属于最强对比。如红与绿、黄与紫、蓝与橙。

该服装搭配适合女性在日常休闲时穿着。服装以青绿色毛衣和橙黄色阔腿裤搭配而成，再以蓝色的背包以及黑色鞋子作点缀，明亮的配色，给人清爽、热情之感。

CMYK: 18,47,80,0　CMYK: 74,20,41,0
CMYK: 93,78,0,0

该服装搭配适合男性在日常休闲时穿着。服装以黑色为底色，苹果绿色字母元素点缀的宽松毛衣和鲜红色的横纹长裤、鞋子搭配而成，整体搭配嘻哈、活跃感十足。

CMYK: 2,96,82,0　CMYK: 49,0,79,0
CMYK: 84,82,72,58

2.4 色彩的距离

　　色彩的距离可以使人感觉进退、凹凸、远近的不同，一般暖色系和明度高的色彩具有前进、凸出、接近的效果，而冷色系和明度较低的色彩则具有后退、凹进、远离的效果。在服装设计中常利用色彩的这些特点去改变空间的大小和高低。

　　该服装搭配适合女性在日常休闲时穿着。服装以米色的蕾丝上衣搭配洋红色百褶短裙，极具吸引力，外加一双肉色的高跟鞋可以充分展现出穿着者的长腿效果。

CMYK: 13,80,0,0　　CMYK: 6,8,11,0
CMYK: 8,22,20,0

　　色彩的面积是指在同一画面中因颜色所占面积大小产生的色相、明度、纯度等画面效果。色彩面积的大小会影响观众的情绪反应，当强弱不同的色彩并置在一起的时候，若想看到较为均衡的画面效果，可以通过调整色彩的面积大小来达到目的。

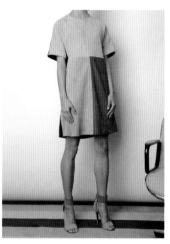

　　该服装搭配适合女性在日常休闲时着装。服装以大面积的浅驼色为主色，以小面积的黑色内搭、金色休闲鞋作点缀，具有都市化味道的配色，淡而有味，既时尚又典雅。

CMYK: 20,36,53,0　　CMYK: 86,84,72,60
CMYK: 24,37,87,0

色彩的冷暖是相互依存的两个方面，一般而言，暖色光可使物体受光部分色彩变暖，背光部分则相对呈现冷光倾向。冷色光刚好与其相反。例如红、橙、黄通常使人联想起丰收的果实和赤日炎炎的太阳，因此有温暖的感觉，称之为暖色；蓝色、青色常使人联想起蔚蓝的天空和广阔的大海，有冷静、沉着之感，因此称之为冷色。

该服装搭配适合男性在秋冬季节时穿着。整体服装以青灰色牛仔套装搭配山茶红内搭，以黄色毛领点缀其中组合而成，冷暖色调的搭配，在稳重之中增加一丝活力感。

CMYK: 53,33,27,0　CMYK: 0,66,34,0
CMYK: 86,66,62,20　CMYK: 11,0,84,0

第3章

服装的用途
与色彩

  不同用途、不同场合，人们穿的服装是不一样的。例如，参加宴会穿休闲装就不太合适；运动时穿职业装也不太舒适。因此，衣柜里的服装应该是多样的，应按照出席的场合来决定穿着的服装。

  按照用途的不同，服装可分为运动装、商业职业装、婚纱礼服、家居服、演出服、度假服、工装、学生装等。

色彩调性： 活力、热情、生机、鲜明、清爽。

常用主题色：

CMYK: 8,82,42,0　　CMYK: 11,80,92,0　　CMYK: 0,46,91,0　　CMYK: 6,8,72,0　　CMYK: 38,0,82,0　　CMYK: 67,14,0,0

常用色彩搭配

CMYK: 8,82,44,0
CMYK: 18,1,59,0

浅玫瑰红色搭配浅芥末黄色，如清晨含苞待放的花蕾，给人一种清脆、鲜甜的视觉感受。

CMYK: 11,80,92,0
CMYK: 67,42,18,0

橘色搭配青蓝色，形成了鲜明的颜色冲击力。会使整体画面别具一格，富有层次感。

CMYK: 6,8,72,0
CMYK: 62,29,80,0

香蕉黄搭配叶绿色整体洋溢着盛夏色彩，体现着热情又不乏清凉舒适。

CMYK: 67,14,0,0
CMYK: 2,28,65,0

道奇蓝色明度较高，搭配柔和的蜂蜜色给人以迪士尼童话般的幻想。

配色速查

活力	热情	鲜明	清爽

 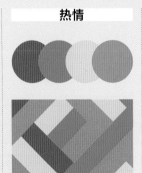  

CMYK: 8,82,42,0　　CMYK: 11,80,92,0　　CMYK: 6,8,72,0　　CMYK: 67,14,0,0
CMYK: 57,25,0,0　　CMYK: 67,42,18,0　　CMYK: 0,51,73,0　　CMYK: 25,10,0,0
CMYK: 0,0,0,0　　　CMYK: 7,9,83,0　　　CMYK: 62,29,80,0　　CMYK: 51,0,39,0
CMYK: 18,1,59,0　　CMYK: 0,61,12,0　　CMYK: 42,50,0,0　　CMYK: 2,28,65,0

该方案适合女性在日常运动时着装，受众人群年龄倾向于十几至二十岁的年轻女性。圆领卫衣搭配运动短裤，展现出穿着者清爽、活泼的外在形象。

前胸的英文图案设计为卫衣增加了一份潮流时尚气息，很受年轻女性欢迎。而且适合搭配各种风格的裤子。

色彩点评

■ 上衣选用铬黄色为主色，以绿色作点缀，给人明快、鲜活的视觉感受。

■ 短裤采用橙色为主色，以热带橙作点缀，为整体服装增加了活跃的兴奋感。

CMYK: 11,23,86,0   CMYK: 13,85,76,0
CMYK: 77,31,91,0   CMYK: 12,55,70,0

推荐色彩搭配

C: 65	C: 85	C: 36	C: 6
M: 0	M: 45	M: 0	M: 36
Y: 49	Y: 52	Y: 81	Y: 84
K: 0	K: 1	K: 0	K: 0

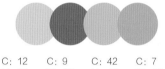

C: 12	C: 9	C: 42	C: 7
M: 21	M: 86	M: 13	M: 48
Y: 78	Y: 69	Y: 82	Y: 83
K: 0	K: 0	K: 0	K: 0

C: 61	C: 15	C: 6	C: 65
M: 32	M: 3	M: 43	M: 0
Y: 17	Y: 73	Y: 75	Y: 90
K: 0	K: 0	K: 0	K: 0

该方案适合女性在日常运动时着装，大胆的色彩组合和形状贴合的设计突出了运动装的风格，极具运动气息。

色彩点评

■ 整体选用橙色、蓝灰色、黑色和粉色四色组建整体搭配色彩，充分展现出穿着者活力、热情的气质。

■ 整体服饰色调过渡的设计，充满了律动感。

三件套的服装设计，可以将外衣穿在身上或系在腰间，给人一种随时随地动起来的视觉感。

CMYK: 24,75,85,0   CMYK: 89,86,84,75
CMYK: 61,25,24,0   CMYK: 16,67,33,0

推荐色彩搭配

C: 31	C: 22	C: 46	C: 93
M: 84	M: 24	M: 31	M: 88
Y: 100	Y: 92	Y: 31	Y: 89
K: 1	K: 0	K: 0	K: 80

C: 100	C: 11	C: 73	C: 15
M: 96	M: 79	M: 46	M: 3
Y: 38	Y: 44	Y: 40	Y: 73
K: 1	K: 0	K: 0	K: 0

C: 54	C: 28	C: 24	C: 89
M: 68	M: 1	M: 11	M: 88
Y: 0	Y: 7	Y: 92	Y: 53
K: 0	K: 0	K: 0	K: 24

该方案适合女性在日常运动时着装，超强弹力的紧身衣可以让穿着者在运动时更舒适，也更凸显身材。

上衣充满层次感的透气设计，可以让穿着者在运动时得到清凉感。

色彩点评

■ 选用清雅的粉色为主色，以蓝黑色作点缀，整体服装造型给人轻柔、温和的视觉感。

■ 下身裤子粉色和蓝黑色相搭配的设计与上衣相统一，极具设计感。

CMYK: 17,63,36,0　CMYK: 82,78,66,43
CMYK: 11,47,23,0

推荐色彩搭配

C: 3	C: 28	C: 9	C: 89
M: 31	M: 1	M: 15	M: 88
Y: 87	Y: 7	Y: 30	Y: 53
K: 0	K: 0	K: 0	K: 24

C: 26	C: 31	C: 7	C: 53
M: 95	M: 11	M: 31	M: 45
Y: 60	Y: 17	Y: 22	Y: 27
K: 0	K: 0	K: 0	K: 0

C: 54	C: 75	C: 12	C: 79
M: 9	M: 12	M: 76	M: 76
Y: 44	Y: 36	Y: 68	Y: 75
K: 0	K: 0	K: 0	K: 52

该方案适合女性在日常运动时着装，柔和的配色、图案和剪裁设计，这些都是随性且舒适的运动服饰必然会有的设计元素。

色彩点评

■ 以蓝灰色为底色，粉色作印花，以粉白色作点缀设计，整体服装造型给人清纯、柔美的感受。

■ 米色的运动鞋，为整体服装增添了一份低调的时尚感。

上身宽松、下身紧致，可以使穿着者在运动时不用顾忌其他，专心运动。

CMYK: 79,66,43,3　CMYK: 19,63,40,0
CMYK: 8,14,10,0

推荐色彩搭配

C: 38	C: 39	C: 15	C: 57
M: 69	M: 75	M: 28	M: 97
Y: 50	Y: 64	Y: 65	Y: 56
K: 0	K: 1	K: 0	K: 13

C: 93	C: 63	C: 22	C: 24
M: 84	M: 29	M: 14	M: 31
Y: 74	Y: 25	Y: 13	Y: 92
K: 63	K: 0	K: 0	K: 0

C: 10	C: 9	C: 49	C: 94
M: 30	M: 63	M: 18	M: 89
Y: 23	Y: 18	Y: 10	Y: 52
K: 0	K: 0	K: 0	K: 23

3.2 商务职业装

色彩调性：稳重、正式、雅致、时尚、干练。

常用主题色：

CMYK:55,99,89,43　CMYK:100,100,59,23　CMYK:0,3,8,0　CMYK:63,65,71,18　CMYK:50,45,52,0　CMYK:93,88,86,78

常用色彩搭配

CMYK：55,99,89,43
CMYK：93,88,89,80

博朗底酒红色搭配黑色，二者形成鲜明对比，画面稳重中带着高雅。

CMYK：100,100,59,23
CMYK：67,51,23,0

蓝黑色搭配水墨蓝色，蓝色调的配色，看起来很和谐，同时又获得雅致的效果。

CMYK：1,3,8,0
CMYK：19,3,70,0

白色加灰土色，纯净的白与低调的灰相搭配，给人一种低调、时尚的感觉。

CMYK：50,45,53,0
CMYK：56,98,75,37

深米色搭配博朗底酒红色，整体搭配给人一种成熟之感，且充满复古气息。

配色速查

稳重	雅致	时尚	干练
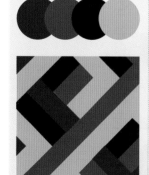	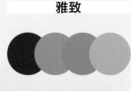 	 	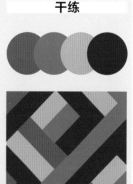
CMYK：55,99,89,43 CMYK：89,79,53,20 CMYK：93,88,86,78 CMYK：37,31,29,0	CMYK：100,100,59,23 CMYK：56,46,44,0 CMYK：67,51,23,0 CMYK：34,36,52,0	CMYK：89,79,78,64 CMYK：30,30,36,0 CMYK：0,0,0,0 CMYK：68,53,45,1	CMYK：63,65,71,18 CMYK：67,58,55,5 CMYK：38,30,29,0 CMYK：55,98,75,37

该套方案适合正式场合的商务男性穿着的。除了拥有简洁线条的正统西装外，丝光竖条纹设计，休闲又不失男性的阳刚魅力。

剪裁得体的设计、硬朗商务的款式轮廓，为男性上班服提升了更多的自信从容。

■ 服装以藏蓝色为主基调，以其他蓝色作点缀，将男性的绅士风度进行了完整的诠释。

■ 灰色调的领带和短靴搭配以及蓝色的手拎包，整体服装相统一，给人舒适的融合感。

CMYK: 87,75,40,4　CMYK: 47,22,8,0
CMYK: 32,15,10,0

推荐色彩搭配

C: 36	C: 0	C: 81	C: 91		C: 4	C: 70	C: 3	C: 94		C: 87	C: 53	C: 71	C: 36
M: 98	M: 0	M: 79	M: 87		M: 42	M: 12	M: 5	M: 73		M: 64	M: 47	M: 80	M: 100
Y: 89	Y: 0	Y: 28	Y: 87		Y: 91	Y: 4	Y: 11	Y: 35		Y: 1	Y: 22	Y: 27	Y: 94
K: 2	K: 0	K: 0	K: 78		K: 0	K: 0	K: 0	K: 0		K: 0	K: 0	K: 0	K: 2

本套西服套装适合在正式场合穿着。服饰剪裁立体，即可突出修长的腿部线条，又可展现干练的气质，该套装非常适合年轻男生穿着，凸显时尚、品味。

使用精致的剪裁设计，让该西装更具有独特品味。

■ 服装以灰色为主色，塑造出现代都市男子精致而不失硬朗的形象。

■ 黑色的领结、马甲和皮鞋相呼应，为整体增添了稳重感。

■ 白色的衬衣搭配，增添了简洁感。

CMYK: 65,60,53,4　CMYK: 0,0,0,0
CMYK: 90,87,84,76

推荐色彩搭配

  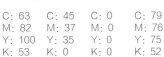

C: 63	C: 45	C: 0	C: 79		C: 50	C: 0	C: 32	C: 93		C: 100	C: 0	C: 32	C: 93
M: 82	M: 37	M: 0	M: 76		M: 100	M: 12	M: 25	M: 88		M: 99	M: 0	M: 25	M: 88
Y: 100	Y: 35	Y: 0	Y: 75		Y: 100	Y: 14	Y: 24	Y: 89		Y: 49	Y: 0	Y: 24	Y: 89
K: 53	K: 0	K: 0	K: 52		K: 31	K: 0	K: 0	K: 80		K: 4	K: 0	K: 0	K: 80

本套装服装适合白领女性日常工作穿着。考虑到职场女性着装的正式性，又考虑时尚性，所以摒弃保守的短款设计，中长款设计既时尚又不影响日常工作。

中长款式加格纹设计，搭配短款百褶裙，凸显整体造型的轻巧精练。

色彩点评

- 采用OL风格服装最普遍的黑白灰色彩搭配，给人以直观的职业干练的印象，服装风格独特鲜明。
- 加以紫黑色的宽腰带束腰，起到显腰身的作用。

 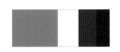

CMYK: 67,54,47,1　CMYK: 0,0,0,0
CMYK: 80,82,69,51　CMYK: 89,86,81,73

推荐色彩搭配

C: 63　C: 52　C: 9　C: 93　　C: 93　C: 31　C: 8　C: 95　　C: 65　C: 77　C: 9　C: 30
M: 65　M: 33　M: 6　M: 88　　M: 88　M: 13　M: 6　M: 76　　M: 56　M: 73　M: 7　M: 97
Y: 71　Y: 31　Y: 4　Y: 86　　Y: 89　Y: 12　Y: 3　Y: 9　　Y: 53　Y: 70　Y: 7　Y: 90
K: 18　K: 0　K: 0　K: 88　　K: 80　K: 0　K: 0　K: 0　　K: 2　K: 41　K: 0　K: 0

这是一套适合年轻白领女性日常出行的服装。简约的裁剪设计，职业装最普遍的色彩搭配，充分展现出整体造型的轻巧、干练。

套装的亮点在于腰前交叉的腰带设计，整体凸显出穿着者的性感、时尚气质。

色彩点评

- 本套装服装是以白色西装外套搭配同色短裙，同色系搭配给人清爽、明快的视觉感受。
- 淡色调的配色方式，更加充分体现并提升了穿着者的精神面貌。

CMYK: 6,7,7,0　　CMYK: 59,85,78,40
CMYK: 23,19,21,0

推荐色彩搭配

 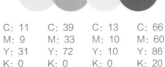

C: 55　C: 26　C: 7　C: 55　　C: 11　C: 39　C: 13　C: 66　　C: 43　C: 69　C: 0　C: 95
M: 69　M: 20　M: 15　M: 95　　M: 9　M: 33　M: 10　M: 60　　M: 21　M: 71　M: 0　M: 83
Y: 100　Y: 19　Y: 24　Y: 100　　Y: 31　Y: 72　Y: 10　Y: 86　　Y: 42　Y: 38　Y: 0　Y: 78
K: 21　K: 0　K: 0　K: 44　　K: 0　K: 0　K: 0　K: 20　　K: 0　K: 0　K: 0　K: 67

色彩调性： 华丽、性感、精致、端庄、优美。

常用主题色：

CMYK: 25,0,8,0　　CMYK: 33,31,7,0　　CMYK: 9,4,6,0　　CMYK: 0,3,8,0　　CMYK: 19,100,69,0　　CMYK: 31,48,100,0

常用色彩搭配

CMYK: 25,0,8,0
CMYK: 22,1,90,0

CMYK: 33,31,7,0
CMYK: 9,4,6,0

CMYK: 19,100,69,0
CMYK: 6,1,20,0

CMYK: 31,48,100,0
CMYK: 76,81,95,67

青色搭配黄绿色，对比色的配色方式。给人一种华丽而纯净的视觉感。

丁香紫搭配爱丽丝蓝，整体搭配色彩轻柔淡雅。给人一种温柔、性感的视觉感。

胭脂红色搭配米色，高低明度的色彩进行搭配，充分展现出精致的时尚感。

黄褐色搭配黑色，高低明度的色彩进行搭配，形成鲜明的对比，极具奢华感。

配色速查

华丽	精致	端庄	优美

  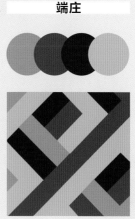 

CMYK: 25,0,8,0
CMYK: 33,100,100,1
CMYK: 33,78,0,0
CMYK: 22,1,90,0

CMYK: 19,100,69,0
CMYK: 19,38,93,0
CMYK: 6,1,20,0
CMYK: 65,78,0,0

CMYK: 31,48,100,0
CMYK: 41,94,100,7
CMYK: 76,81,95,67
CMYK: 29,21,85,0

CMYK: 33,31,7,0
CMYK: 42,43,0,0
CMYK: 31,0,2,0
CMYK: 9,4,6,0

这是一套适合女性出席宴会穿着的服装搭配方案。礼服上身的蕾丝图案都是用奢华的闪光珠饰装饰。精致闪耀的设计，使得穿着者宛如精灵一般的存在。

礼服上的蕾丝图案设计，加以飘逸的纱裙，勾勒出精美的长款礼服。

色彩点评

■ 金色和银色的蕾丝悬浮在粉色网格面料上，飘逸的面料让女性在行走间浮游流动。

■ 无袖设计，更为穿着者增加了性感气息。

CMYK: 14,36,21,0　　CMYK: 19,29,44,0
CMYK: 8,8,11,0

推荐色彩搭配

C: 21	C: 42	C: 16	C: 33		C: 82	C: 31	C: 0	C: 33		C: 2	C: 10	C: 13	C: 53
M: 21	M: 43	M: 18	M: 19		M: 61	M: 14	M: 0	M: 19		M: 76	M: 41	M: 23	M: 100
Y: 36	Y: 0	Y: 0	Y: 94		Y: 12	Y: 0	Y: 0	Y: 94		Y: 52	Y: 24	Y: 16	Y: 100
K: 0	K: 0	K: 0	K: 0		K: 0	K: 0	K: 0	K: 0		K: 0	K: 0	K: 0	K: 42

这是一套适合步入婚礼殿堂的新娘穿着的服装搭配方案。白色系的婚纱加上刺绣、镶钻设计，充分展现出穿着者高贵靓丽的气质。

裙摆处的鱼尾设计，仿佛刚浮上水面的美人鱼，在腰身处设计极为贴身，更为穿着者增添了性感、时尚气息。

色彩点评

■ 婚纱以白色为底，加以稍深一些的白色作刺绣点缀，充分展现出洁白、高贵的气息。

■ 在V领处设计蕾丝和镶钻，更增添了服饰的靓丽感。

CMYK: 10,18,20,0　　CMYK: 0,0,0,0
CMYK: 39,42,44,0

推荐色彩搭配

C: 35	C: 17	C: 0	C: 44		C: 58	C: 15	C: 7	C: 21		C: 4	C: 12	C: 5	C: 23
M: 64	M: 38	M: 0	M: 87		M: 65	M: 23	M: 11	M: 22		M: 4	M: 10	M: 47	M: 78
Y: 0	Y: 0	Y: 0	Y: 0		Y: 0	Y: 0	Y: 0	Y: 86		Y: 38	Y: 59	Y: 12	Y: 35
K: 0	K: 0	K: 0	K: 0		K: 0	K: 0	K: 0	K: 0		K: 0	K: 0	K: 0	K: 0

这是一套适合女性出席宴会、仪式时穿着的礼仪服装搭配方案。低胸设计，制作出花团锦簇的效果，极具性感气息。

碎钻元素的装饰衬托得整体设计更是锦上添花，无须过多的珠宝首饰搭配，服装本身就是源源不断的发光体。

色彩点评

■ 蓝紫配色给人夜空般的静谧感，如同一颗明珠，散发出淡雅精致的光芒。

■ 冷色调应用于晚宴礼服上妥帖恰当，性感中透露着难以言喻的高贵。

CMYK: 96,95,34,2　CMYK: 95,96,49,20
CMYK: 68,63,30,0

推荐色彩搭配

C: 62	C: 37	C: 18	C: 79	C: 4	C: 33	C: 4	C: 68	C: 27	C: 18	C: 11	C: 48
M: 85	M: 56	M: 33	M: 100	M: 35	M: 48	M: 17	M: 73	M: 39	M: 99	M: 70	M: 100
Y: 0	Y: 0	Y: 0	Y: 24	Y: 90	Y: 100	Y: 53	Y: 100	Y: 97	Y: 81	Y: 34	Y: 60
K: 0	K: 0	K: 0	K: 0	K: 0	K: 0	K: 0	K: 48	K: 0	K: 0	K: 0	K: 7

这是一套适合女性出席派对穿着的服装搭配方案。本套服装运用了收腰紧身抹胸的A型设计，展现出穿着者完美的肩背和锁骨线条，充分体现出性感优雅的气质。

短款抹胸设计，会提升个人的性感指数，充分展现出大方、自信的外在形象。

色彩点评

■ 礼服以黑色为主色，加以金色的亮片设计，让服装整体更加光彩夺目。

■ 搭配黑色高跟鞋以及同色系的手链，极具协调统一感。

CMYK: 86,82,81,69　CMYK: 52,62,100,9
CMYK: 27,35,52,0

推荐色彩搭配

C: 67	C: 38	C: 55	C: 88	C: 74	C: 33	C: 44	C: 62	C: 47	C: 28	C: 28	C: 93
M: 64	M: 47	M: 98	M: 84	M: 75	M: 34	M: 98	M: 79	M: 73	M: 51	M: 28	M: 88
Y: 84	Y: 97	Y: 100	Y: 84	Y: 50	Y: 19	Y: 2	Y: 100	Y: 100	Y: 76	Y: 85	Y: 89
K: 26	K: 0	K: 46	K: 74	K: 10	K: 0	K: 0	K: 48	K: 11	K: 0	K: 0	K: 80

3.4 家居服

色彩调性： 舒适、温婉、柔和、随性、淡雅。

常用主题色：

CMYK:32,1,7,0　　CMYK:18,29,13,0　　CMYK:16,13,44,0　　CMYK:0,0,0,0　　CMYK:14,23,36,0　　CMYK:8,56,25,0

常用色彩搭配

CMYK: 37,1,17,0 CMYK: 8,18,16,0	CMYK: 16,13,44,0 CMYK: 5,51,41,0	CMYK: 1,3,8,0 CMYK: 30,30,36,0	CMYK: 8,56,25,0 CMYK: 72,71,62,23

瓷青色搭配浅粉色，给人一种清亮、前卫的视觉感受，充满少女气息。

灰菊色搭配鲑红色，纯度较低的配色方式，给人一种柔和、优雅的视觉感。

白色加灰土色，纯净的白与低调的灰相搭配，给人一种低调、简约的感觉。

浅玫瑰红色搭配灰色，冷暖色的配色方式，给人一种雅致、时尚的视觉感受。

配色速查

舒适	温婉	柔和	淡雅

CMYK: 32,1,7,0 CMYK: 22,36,2,0 CMYK: 0,0,0,0 CMYK: 8,18,16,0	CMYK: 37,1,17,0 CMYK: 8,18,16,0 CMYK: 16,13,44,0 CMYK: 30,55,0,0	CMYK: 16,12,44,0 CMYK: 5,51,41,0 CMYK: 0,0,0,0 CMYK: 13,32,0,0	CMYK: 8,56,25,0 CMYK: 8,18,16,0 CMYK: 0,0,0,0 CMYK: 30,30,36,0

这是一套适合日常居家女性穿着的服装搭配。羊绒材质加上宽松设计，穿起来更加舒适、随性，行动起来非常便利。

上衣横条纹设计给原本平淡的居家服增添了一种层次感，同材质的打底裤，打造出舒适的穿着体验。

色彩点评

■ 服装采用浅玫瑰红色搭配灰色设计而成，给人一种柔和、温婉的视觉感。

■ 柔雅的配色，穿起来低调又不失舒适感。

CMYK: 17,54,35,0　CMYK: 72,69,64,25

推荐色彩搭配

C: 26	C: 2	C: 1	C: 93	C: 18	C: 35	C: 7	C: 62	C: 29	C: 9	C: 40	C: 3
M: 74	M: 10	M: 1	M: 88	M: 30	M: 95	M: 13	M: 37	M: 69	M: 5	M: 0	M: 19
Y: 39	Y: 35	Y: 1	Y: 89	Y: 29	Y: 59	Y: 13	Y: 4	Y: 48	Y: 31	Y: 27	Y: 9
K: 0	K: 0	K: 0	K: 80	K: 0	K: 1	K: 0	K: 0	K: 0	K: 0	K: 0	K: 0

这是一套适合日常居家女性穿着的服装搭配。U字领口、A形版式设计，给原本平淡的睡装增添了一丝舒适惬意感。

色彩点评

■ 睡裙以黑色为主色，在袖子处设计成灰色，拼接色调的设计，极具时尚设计感。

■ 简单的色调设计，给人简约、低调的穿着体验。

长款宽松设计显得闲适随性，很适合居家或当作睡衣。

CMYK: 85,80,83,69　CMYK: 41,36,33,0

推荐色彩搭配

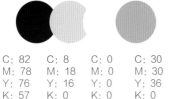  

C: 82	C: 8	C: 0	C: 30	C: 46	C: 69	C: 26	C: 16	C: 15	C: 4	C: 48	C: 73
M: 78	M: 18	M: 0	M: 30	M: 37	M: 64	M: 33	M: 29	M: 42	M: 21	M: 42	M: 67
Y: 76	Y: 16	Y: 0	Y: 36	Y: 35	Y: 60	Y: 36	Y: 46	Y: 26	Y: 11	Y: 39	Y: 64
K: 57	K: 0	K: 0	K: 0	K: 0	K: 13	K: 0	K: 0	K: 0	K: 0	K: 0	K: 21

这是一套适合日常居家男性穿着的服装搭配。服装采用羊绒材质制作而成，柔软的质地，穿起来更加舒适。

在腰间系上一根灰色的腰带，将宽松的轮廓束缚起来，显现出一种随性。

色彩点评

■ 服装整体采用灰色为主色，加以黑色和浅灰色作点缀，色彩淡雅轻柔，极具柔和气息。

■ 羊绒打底裤也有着柔软的舒适度，行动起来非常便利。

CMYK: 52,47,47,0　CMYK: 86,82,81,69
CMYK: 22,16,16,0

推荐色彩搭配

C: 62	C: 53	C: 6	C: 42
M: 80	M: 47	M: 12	M: 57
Y: 71	Y: 48	Y: 31	Y: 69
K: 33	K: 0	K: 0	K: 1

C: 89	C: 30	C: 59	C: 93
M: 76	M: 26	M: 59	M: 88
Y: 68	Y: 23	Y: 69	Y: 89
K: 45	K: 0	K: 8	K: 80

C: 81	C: 81	C: 21	C: 93
M: 69	M: 78	M: 17	M: 90
Y: 49	Y: 74	Y: 20	Y: 68
K: 8	K: 55	K: 0	K: 58

这是一套适合日常居家男性穿着的服装搭配。深色调的服装搭配，加以雪花图案设计而成，给人一种时尚、优雅感。

色彩点评

■ 服装以蓝黑色为底色，以蓝色和白色的雪花作装饰，简单又兼具时尚感。

■ 蓝色调的配色加以白色调和，极具层次的美感。

裤脚处的紧致设计可以避免裤子透风使裤装更加保暖。

CMYK: 98,94,60,44　CMYK: 0,0,0,0
CMYK: 79,47,14,0

推荐色彩搭配

C: 21	C: 87	C: 82	C: 93
M: 29	M: 79	M: 58	M: 90
Y: 4	Y: 50	Y: 0	Y: 68
K: 0	K: 14	K: 0	K: 58

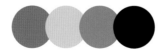

C: 70	C: 24	C: 60	C: 93
M: 68	M: 19	M: 51	M: 88
Y: 0	Y: 16	Y: 48	Y: 89
K: 0	K: 0	K: 0	K: 80

C: 62	C: 1	C: 45	C: 93
M: 44	M: 1	M: 33	M: 88
Y: 84	Y: 1	Y: 40	Y: 89
K: 2	K: 0	K: 0	K: 80

色彩调性： 亮眼、热烈、绚丽、性感、醒目。

常用主题色：

CMYK: 57,5,94,0　　CMYK: 67,14,0,0　　CMYK: 54,79,0,0　　CMYK: 78,75,0,0　　CMYK: 15,96,29,0　　CMYK: 6,8,72,0

常用色彩搭配

CMYK: 57,5,94,0
CMYK: 54,79,0,0

苹果绿搭配亮紫藤色，高明度的搭配，给人一种亮眼、明快的感觉。

CMYK: 67,14,0,0
CMYK: 2,28,65,0

道奇蓝色彩明度较高，搭配柔和的蜂蜜色给人以迪士尼童话般的幻想。

CMYK: 15,96,29,0
CMYK: 8,35,1,0

玫瑰红搭配橙黄，邻近色的配色方式，增加了整体协调感，体现热烈、华丽之感。

CMYK: 6,8,72,0
CMYK: 78,75,0,0

香蕉黄搭配紫蓝色，二者对比强烈，会产生一种亮眼又醒目的视觉效果。

配色速查

亮眼	热烈	绚丽	醒目

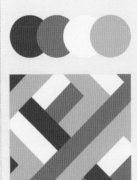　　

CMYK: 57,5,94,0
CMYK: 51,0,23,0
CMYK: 0,28,41,0
CMYK: 54,79,0,0

CMYK: 15,96,29,0
CMYK: 31,76,0,0
CMYK: 8,0,24,0
CMYK: 8,35,91,0

CMYK: 67,14,0,0
CMYK: 0,69,43,0
CMYK: 10,0,32,0
CMYK: 2,28,65,0

CMYK: 6,8,72,0
CMYK: 22,98,100,0
CMYK: 27,76,0,0
CMYK: 78,75,0,0

这是一套适合女性在舞台演出时穿着的服装搭配方案。前短后长加上裙边的蕾丝设计，极具性感气息。

一字领设计加上领子边缘的镶钻、蕾丝设计，使穿着者在演出时舞姿更加亮眼、动人。

色彩点评

■ 服装以红色和黑色相搭配，整体搭配沉稳中又洋溢着热情奔放的气息。

■ 黑色条纹的丝袜，更增加了整体服装的性感气质。

CMYK: 26,90,82,0　CMYK: 89,86,86,76
CMYK: 47,65,66,3

推荐色彩搭配

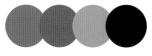

C: 19	C: 19	C: 0	C: 92
M: 87	M: 90	M: 66	M: 88
Y: 37	Y: 100	Y: 59	Y: 87
K: 0	K: 0	K: 0	K: 78

C: 23	C: 18	C: 7	C: 67
M: 19	M: 67	M: 18	M: 80
Y: 90	Y: 93	Y: 24	Y: 100
K: 0	K: 0	K: 0	K: 56

C: 36	C: 36	C: 6	C: 68
M: 96	M: 100	M: 28	M: 65
Y: 100	Y: 47	Y: 20	Y: 100
K: 2	K: 0	K: 0	K: 35

这是一套适合女性在舞台演出时穿着的服装搭配方案。整体服装最具特点的地方在于肩膀处采用薄纱材质制作而成的"翅膀"，而服装其他位置的设计极为精致，使穿着者可以在舞台上翩然起舞。

在肩膀处设计金色的花朵、极具特色的戒指等细节处理，使穿着者散发出光芒四射的魅力。

色彩点评

■ 服装以浅白色为底色，以蓝色和金色刺绣点缀而成，极具精致感。

■ 鱼尾式的裙摆设计，极具华丽气息。

■ 金色的鞋子搭配，使穿着者更具迷人感。

CMYK: 14,12,18,0　CMYK: 84,75,14,0
CMYK: 14,12,34,0　CMYK: 53,60,66,5

推荐色彩搭配

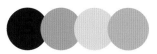

C: 93	C: 63	C: 22	C: 24
M: 84	M: 29	M: 14	M: 31
Y: 74	Y: 25	Y: 13	Y: 92
K: 63	K: 0	K: 0	K: 0

C: 100	C: 45	C: 69	C: 9
M: 94	M: 15	M: 61	M: 67
Y: 42	Y: 96	Y: 58	Y: 60
K: 3	K: 0	K: 8	K: 0

C: 94	C: 9	C: 72	C: 18
M: 92	M: 4	M: 22	M: 98
Y: 80	Y: 82	Y: 4	Y: 94
K: 74	K: 0	K: 0	K: 0

这是一套适合女性在舞台演出时穿的服装搭配方案。亮眼的配色加上飘逸的设计，使穿着者在舞台上可以充分展现出迷人气质。

柔顺的丝缎材质，加上醒目的配色，使穿着者在舞台上可以展现出狂野又不失飘逸的身影。

色彩点评

■ 服装采用红色和绿色相搭配，互补色的配色方式，可以产生最强烈的刺激作用，对人的视觉具有最强的吸引力。

CMYK: 66,13,96,0   CMYK: 26,98,100,0

推荐色彩搭配

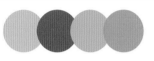  

C: 12	C: 9	C: 42	C: 7	C: 76	C: 24	C: 3	C: 67	C: 0	C: 93	C: 82	C: 30
M: 21	M: 86	M: 13	M: 48	M: 27	M: 83	M: 59	M: 10	M: 96	M: 69	M: 31	M: 2
Y: 78	Y: 69	Y: 82	Y: 83	Y: 5	Y: 9	Y: 87	Y: 90	Y: 64	Y: 28	Y: 100	Y: 82
K: 0	K: 0	K: 0	K: 0	K: 0	K: 0	K: 0	K: 0	K: 0	K: 0	K: 0	K: 2

这是一套适合女性在舞台演出时穿着的服装搭配方案。本套服装运用了收腰紧身设计，肩部灯笼袖设计，加上露在外面大面积的长腿，展现出穿着者完美的身材。

色彩点评

■ 服装采用黑色和蓝色相搭配，二者形成强烈的视觉冲击，十分醒目，吸引人们的眼球。

■ 短裤上镶钻设计，可以在舞台灯光的照耀下，靓丽多彩。

中长款鞋袜设计，极具设计感。肩部灯笼袖设计外加下身短款设计，使穿着者可以轻松舞动舞姿。

CMYK: 87,84,76,66 CMYK: 84,64,14,0

推荐色彩搭配

C: 98	C: 50	C: 77	C: 92	C: 28	C: 16	C: 37	C: 86	C: 70	C: 71	C: 32	C: 84
M: 87	M: 39	M: 96	M: 95	M: 76	M: 52	M: 65	M: 100	M: 86	M: 60	M: 1	M: 95
Y: 0	Y: 0	Y: 1	Y: 74	Y: 100	Y: 60	Y: 0	Y: 60	Y: 0	Y: 0	Y: 2	Y: 66
K: 0	K: 0	K: 0	K: 69	K: 0	K: 0	K: 0	K: 32	K: 0	K: 0	K: 0	K: 55

3.6 度假服

色彩调性： 靓丽、雅致、随性、自然、清爽。

常用主题色：

CMYK:8,82,44,0　　CMYK:57,5,94,0　　CMYK:67,14,0,0　　CMYK:16,13,44,0　　CMYK:15,17,83,0　　CMYK:0,46,91,0

常用色彩搭配

CMYK: 8,82,44,0 CMYK: 18,0,59,0	CMYK: 57,5,94,0 CMYK: 12,6,66,0	CMYK: 16,13,44,0 CMYK: 5,51,41,0	CMYK: 0,46,91,0 CMYK: 64,0,81,0
浅玫瑰红色搭配浅芥末黄色，暖色调配色，给人一种靓丽、鲜明的效果。	苹果绿搭配浅月光黄色，明度较高的色彩搭配，给人一种自然、明快的感觉。	灰菊色搭配鲑红色，纯度较低的配色方式，给人一种雅致、优美的视觉感。	橙黄色搭配鲜绿色，亮眼的配色方式，给人一种清爽、随性的感觉。

配色速查

靓丽	雅致	自然	清爽

CMYK: 8,82,44,0 CMYK: 48,80,0,0 CMYK: 64,0,37,0 CMYK: 18,1,59,0	CMYK: 16,13,44,0 CMYK: 29,24,21,0 CMYK: 31,0,3,0 CMYK: 5,51,42,0	CMYK: 57,5,94,0 CMYK: 1,3,15,0 CMYK: 30,0,23,0 CMYK: 12,6,65,0	CMYK: 0,46,91,0 CMYK: 53,0,9,0 CMYK: 64,0,81,0 CMYK: 30,0,23,0

这是一套适合女性度假时穿着的服装搭配。将西西里风情带入设计中，简洁的剪裁设计、民族化的图纹样式，极具美感。

露脐上衣搭配高开叉半身裙，以及同款手提包，营造出摩登性感的独特美感。

色彩点评

■ 服装以五彩缤纷的色彩组合塑造出异域风情的神秘惊艳感。

■ 多彩的平底鞋搭配，为整体的服装搭配营造出靓丽的风采。

CMYK: 24,85,73,0　CMYK: 11,32,78,0
CMYK: 80,50,18,0　CMYK: 54,18,68,0

推荐色彩搭配

C: 12	C: 9	C: 42	C: 7	C: 0	C: 93	C: 82	C: 30	C: 76	C: 24	C: 3	C: 67
M: 21	M: 86	M: 13	M: 48	M: 96	M: 69	M: 31	M: 2	M: 27	M: 83	M: 59	M: 10
Y: 78	Y: 69	Y: 82	Y: 83	Y: 64	Y: 28	Y: 100	Y: 82	Y: 5	Y: 9	Y: 87	Y: 90
K: 0	K: 0	K: 0	K: 0	K: 0	K: 0	K: 0	K: 0	K: 0	K: 0	K: 0	K: 0

这是一套适合女性海边度假的服装搭配方案。这款长裙色彩相对淡一些，但却有种别致的美。圆领无袖设计，简单利落却十分性感。适合身材纤瘦的女生穿着。

长裙采用雪纺材质和拼接设计，体现了悠闲的波西米亚精神。这样的长裙看上去既浪漫又柔美。而且长裙通常都让妹子焕发出无限光彩，成为行走的衣架。

色彩点评

■ 服装以大面积的白灰色为主色，以黑、灰色的羽毛作点缀，充分展现出轻盈的美感。

■ 黑色细腰带系在腰间，会展现出穿着者的纤细腰身。

CMYK: 10,9,11,0　　CMYK: 87,83,83,72
CMYK: 60,51,53,1

推荐色彩搭配

C: 82	C: 0	C: 47	C: 67	C: 63	C: 52	C: 9	C: 93	C: 40	C: 40	C: 79	C: 93
M: 77	M: 0	M: 38	M: 51	M: 65	M: 33	M: 6	M: 88	M: 29	M: 8	M: 32	M: 88
Y: 75	Y: 0	Y: 40	Y: 94	Y: 71	Y: 31	Y: 4	Y: 86	Y: 27	Y: 14	Y: 27	Y: 89
K: 56	K: 0	K: 0	K: 10	K: 18	K: 0	K: 0	K: 88	K: 0	K: 0	K: 0	K: 80

这是一套适合女性海边度假的服装搭配方案。本套服饰选用了多种色彩设计而成，充分展现出穿着者俏皮清新的少女气质。

轻简的服装搭配，可以使穿着者在海边放肆游玩，既可以展现活力，又具有自然的视觉感。

色彩点评

■ 服装以多种暖色调配色而成，塑造出靓丽随性的活跃感。

■ 同样多彩的平底鞋搭配，为整体的服装搭配营造出靓丽的风采。

CMYK: 15,14,69,0　CMYK: 87,83,83,72
CMYK: 58,14,84,0　CMYK: 44,98,74,8

推荐色彩搭配

C: 18	C: 17	C: 10	C: 63
M: 67	M: 17	M: 23	M: 24
Y: 0	Y: 40	Y: 82	Y: 84
K: 0	K: 0	K: 0	K: 0

C: 38	C: 6	C: 46	C: 96
M: 83	M: 16	M: 11	M: 75
Y: 35	Y: 68	Y: 58	Y: 54
K: 0	K: 0	K: 0	K: 19

C: 80	C: 59	C: 9	C: 27
M: 19	M: 0	M: 10	M: 61
Y: 100	Y: 27	Y: 31	Y: 96
K: 0	K: 0	K: 0	K: 0

这是一套适合女性海边度假的服装搭配方案。一字领无袖设计，加上在胸前设计一个斜带，露出手臂和美腿，产生了静动对比，清凉感与度假风十足。

A字形裁剪，体现了悠闲的波西米亚精神。这样的中长裙看上去既浪漫又精美，充分展现出女性无限的活力气息。

色彩点评

■ 服装以黄色为主色，加褐色、卡其黄以及米色作点缀，暖色调的配色充分展现出穿着者的热情与活力。

■ 同色系的高跟鞋搭配，也会让度假感觉更加完整和质感。

CMYK: 11,40,81,0　CMYK: 58,75,82,29
CMYK: 29,37,62,0　CMYK: 4,10,16,0

推荐色彩搭配

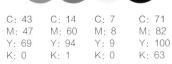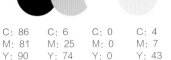

C: 14	C: 10	C: 65	C: 10
M: 23	M: 59	M: 70	M: 28
Y: 36	Y: 25	Y: 95	Y: 71
K: 0	K: 0	K: 39	K: 0

C: 43	C: 14	C: 7	C: 71
M: 47	M: 60	M: 8	M: 82
Y: 69	Y: 94	Y: 9	Y: 100
K: 0	K: 1	K: 0	K: 63

C: 86	C: 6	C: 0	C: 4
M: 81	M: 25	M: 0	M: 7
Y: 90	Y: 74	Y: 0	Y: 43
K: 73	K: 0	K: 0	K: 0

色彩调性：舒适、素雅、简约、质朴、轻柔。

常用主题色：

CMYK: 20,49,28,0　CMYK: 43,71,86,4　CMYK: 24,20,23,0　CMYK: 48,31,8,0　CMYK: 14,23,36,0　CMYK: 59,69,98,28

044

常用色彩搭配

CMYK: 20,49,28,0
CMYK: 76,72,58,19

CMYK: 43,71,86,4
CMYK: 32,20,32,0

CMYK: 48,31,8,0
CMYK: 30,38,27,0

CMYK: 14,23,36,0
CMYK: 100,100,59,22

灰玫红色搭配深灰色，低调的配色方式，给人一种安静、舒适的视觉感。

浅褐色搭配浅绿灰色，画面充满复古气息，同时洋溢着素雅的视觉感。

浅蓝色搭配深玫红色，二者形成鲜明的对比。画面富有轻柔的层次感。

米色搭配藏青色，对比色的配色，给人一种强烈、醒目的视觉感。

配色速查

舒适

素雅

质朴

轻柔

CMYK: 20,49,28,0
CMYK: 7,61,14,0
CMYK: 76,72,58,19
CMYK: 7,15,15,0

CMYK: 43,71,86,4
CMYK: 18,21,24,0
CMYK: 32,20,32,0
CMYK: 6,6,28,0

CMYK: 14,23,36,0
CMYK: 14,23,47,0
CMYK: 100,100,59,22
CMYK: 43,58,66,1

CMYK: 48,31,8,0
CMYK: 9,13,27,0
CMYK: 13,10,10,0
CMYK: 30,38,27,0

这是一套酒店经理日常工作服装搭配。简洁的配色加以修身的剪裁，非常适合主管类工作人员日常工作穿着。

上衣的边缘也采用与下身色彩相同的颜色，极具和谐统一的美感。

色彩点评

■ 服装以红色搭配黑灰色，二者形成鲜明的对比，可以给人留下深刻的印象。

■ 简约的色彩搭配，其视觉效果典雅、优美。

CMYK: 28,87,62,0　　CMYK: 84,80,65,43

推荐色彩搭配

C: 11	C: 3	C: 22	C: 84	C: 4	C: 3	C: 26	C: 91	C: 55	C: 36	C: 7	C: 52
M: 66	M: 17	M: 43	M: 80	M: 42	M: 5	M: 32	M: 87	M: 86	M: 42	M: 13	M: 72
Y: 4	Y: 14	Y: 8	Y: 55	Y: 91	Y: 11	Y: 55	Y: 87	Y: 84	Y: 72	Y: 15	Y: 100
K: 0	K: 0	K: 0	K: 24	K: 0	K: 0	K: 0	K: 78	K: 34	K: 0	K: 0	K: 18

这是一套修理类工作人员的日常工作的服装搭配。简洁的配色加以宽松的搭配，非常适合修理类工作人员日常工作穿着。

整体服装搭配宽松又舒适，非常适合修理类的工作人员在日常工作时的伸展运动。

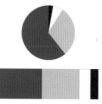

色彩点评

■ 服装以深米色和50%灰色相搭配，给人一种低调、简洁的视觉感。

■ 上衣右侧设计一个白色加蓝色边缘的图案设计，为简约的服装增添了灵活感。

CMYK: 73,66,63,20　　CMYK: 26,22,25,0
CMYK: 0,0,0,0　　CMYK: 100,95,50,21

推荐色彩搭配

C: 62	C: 9	C: 19	C: 64	C: 45	C: 7	C: 5	C: 76	C: 100	C: 96	C: 71	C: 80
M: 38	M: 9	M: 21	M: 71	M: 32	M: 6	M: 37	M: 66	M: 99	M: 74	M: 56	M: 69
Y: 22	Y: 9	Y: 41	Y: 52	Y: 10	Y: 13	Y: 53	Y: 43	Y: 66	Y: 40	Y: 36	Y: 60
K: 0	K: 0	K: 0	K: 7	K: 0	K: 0	K: 0	K: 2	K: 57	K: 3	K: 0	K: 22

这是一系列餐饮类工作人员日常工作的服装搭配。男女不同的服装搭配，使男女工作人员能够清晰分辨。

简洁的搭配方式，非常适合餐饮类的工作人员在日常工作时穿着。

色彩点评

■ 该系列服装以灰色为主色，浅蓝色和深蓝色作点缀，造型简洁、率性。通常餐饮类服饰颜色需要与餐饮企业标准色一致。

■ 深灰色调的围裙，具有抗脏的效果。

CMYK: 74,71,58,18　CMYK: 40,26,9,0
CMYK: 92,86,46,12

推荐色彩搭配

C: 100	C: 0	C: 35	C: 59	C: 76	C: 0	C: 46	C: 84	C: 70	C: 87	C: 24	C: 71
M: 98	M: 0	M: 16	M: 15	M: 21	M: 21	M: 18	M: 46	M: 37	M: 56	M: 13	M: 60
Y: 43	Y: 0	Y: 43	Y: 5	Y: 30	Y: 25	Y: 24	Y: 45	Y: 33	Y: 44	Y: 13	Y: 57
K: 7	K: 0	K: 0	K: 0	K: 0	K: 0	K: 0	K: 0	K: 0	K: 1	K: 0	K: 8

这是一套酒店打扫的工作人员日常工作的服装搭配方案。连衣裙式的工作服，可以使工作人员在工作时既舒适又放松。

色彩点评

■ 服装以驼色为主色，加以酒红色作点缀，暖色调的配色方式，给人舒适，温暖的感觉。

■ 搭配黑色的平底鞋，可以烘托上身其他色彩，为整体服装增加高雅气息。

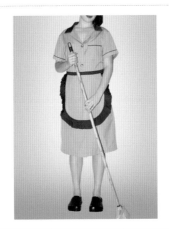

和连衣裙同色的短围裙，在边缘处设计成酒红色的花边，以及领子、袖口边缘的红色设计，会使服装整体极具层次感。

CMYK: 23,29,47,0　CMYK: 45,99,92,13
CMYK: 86,80,91,72

推荐色彩搭配

  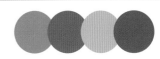

C: 62	C: 62	C: 62	C: 62	C: 62	C: 62	C: 62	C: 62	C: 62	C: 62	C: 62	C: 62
M: 69	M: 69	M: 69	M: 69	M: 69	M: 69	M: 69	M: 69	M: 69	M: 69	M: 69	M: 69
Y: 82	Y: 82	Y: 82	Y: 82	Y: 82	Y: 82	Y: 82	Y: 82	Y: 82	Y: 82	Y: 82	Y: 82
K: 28	K: 28	K: 28	K: 28	K: 28	K: 28	K: 28	K: 28	K: 28	K: 28	K: 28	K: 28

3.8 学生装

色彩调性： 简约、舒适、活力、朝气、轻松。

常用主题色：

CMYK:8,80,90,0　　CMYK:62,7,15,0　　CMYK:11,4,3,0　　CMYK:6,23,89,0　　CMYK:78,16,96,0　　CMYK:93,88,89,80

常用色彩搭配

CMYK：8,80,90,0　　　CMYK：62,7,15,0　　　CMYK：11,4,3,0　　　CMYK：18,16,96,0
CMYK：4,34,65,0　　　CMYK：6,23,69,0　　　CMYK：87,55,18,0　　　CMYK：15,3,53,0

橘色搭配沙棕色，象征着热烈和美味。二者搭配会使人有种很舒适的过渡感。　　水青色搭配浅橙黄色，让人易联想到山泉和阳光。给人以清爽活力之感。　　雪白色搭配石青色，整体给人以轻松、时尚的视觉感受，并使整体画面更具空间感。　　翠绿色搭配香槟黄色，清新的搭配方式营造出鲜活富有朝气的视觉氛围。

配色速查

舒适

CMYK：8,80,90,0
CMYK：8,71,24,0
CMYK：7,16,26,0
CMYK：4,34,65,0

活力

CMYK：62,7,15,0
CMYK：48,0,70,0
CMYK：0,0,0,0
CMYK：6,23,69,0

轻松

CMYK：87,55,18,0
CMYK：15,3,53,0
CMYK：11,4,3,0
CMYK：47,7,13,0

朝气

CMYK：78,16,96,0
CMYK：7,8,82,0
CMYK：3,6,37,0
CMYK：0,67,64,0

这是一套标准学生装，白色衬衫搭配黑色马甲、百褶裙、黑色袜套和船鞋，充分展现出学生的简洁率性气质。

服装宽松的版型设计使穿着者更感觉随意。可以使学生在学习时既舒适又放松。

色彩点评

- 白色衬衫与黑色马甲、短裙的搭配，会拉伸整体身材比例，充分展现穿着者的青春活力气息。
- 加以红色作点缀，在黑白调中增加了一丝热烈与活力。

CMYK: 90,88,78,71　CMYK: 0,0,0,0
CMYK: 44,98,99,11

推荐色彩搭配

C: 28	C: 27	C: 0	C: 65	C: 47	C: 38	C: 0	C: 93	C: 20	C: 51	C: 23	C: 93
M: 28	M: 46	M: 0	M: 71	M: 99	M: 30	M: 0	M: 88	M: 3	M: 99	M: 17	M: 88
Y: 85	Y: 98	Y: 0	Y: 100	Y: 41	Y: 29	Y: 0	Y: 89	Y: 57	Y: 89	Y: 37	Y: 89
K: 0	K: 0	K: 0	K: 41	K: 0	K: 0	K: 0	K: 80	K: 0	K: 30	K: 0	K: 80

这是一套标准学生装，白色短衬衫搭配黑色长裤，充分展现出学生的青春活力气质。

色彩点评

- 服装以白色衬衫搭配蓝黑色长裤，简洁的色彩，给人冷静理智的印象。
- 在白色的衬衫上点缀小面积的红色及蓝色，视觉效果更醒目、亮眼。

宽松的服装搭配，很适合春夏季节穿着，运用当下流行的对比色元素，符合现代学生服的服装搭配风格。

CMYK: 82,75,65,37　CMYK: 0,0,0,0
CMYK: 48,93,93,20

推荐色彩搭配

 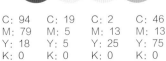  

C: 94	C: 19	C: 2	C: 46	C: 78	C: 4	C: 91	C: 17	C: 86	C: 88	C: 4	C: 18
M: 79	M: 5	M: 13	M: 13	M: 33	M: 3	M: 82	M: 59	M: 72	M: 76	M: 5	M: 13
Y: 18	Y: 5	Y: 25	Y: 75	Y: 32	Y: 3	Y: 76	Y: 96	Y: 61	Y: 22	Y: 15	Y: 21
K: 0	K: 0	K: 0	K: 0	K: 0	K: 0	K: 64	K: 0	K: 28	K: 0	K: 0	K: 0

这是一套标准学生装，简约的裁剪设计，宽松的半截袖搭配长裤，是典型的学生服设计。

宽松的服装搭配，加以明快的配色方式，很适合学生穿着。能够充分展现出学生的活力与明快。

色彩点评

- 服装以黑色和月光黄色相搭配，给人一种清新、轻松的感觉。
- 再以白色的运动鞋搭配，为整体服装增加了一丝简洁感。

CMYK: 86,82,81,69　CMYK: 18,14,61,0

第3章　服装的用途与色彩

049

推荐色彩搭配

C: 3	C: 27	C: 9	C: 93	C: 26	C: 31	C: 0	C: 93	C: 52	C: 7	C: 19	C: 100
M: 31	M: 100	M: 15	M: 88	M: 95	M: 11	M: 0	M: 88	M: 90	M: 3	M: 14	M: 92
Y: 87	Y: 68	Y: 30	Y: 89	Y: 60	Y: 17	Y: 0	Y: 89	Y: 98	Y: 46	Y: 14	Y: 8
K: 0	K: 0	K: 0	K: 80	K: 0	K: 0	K: 0	K: 80	K: 33	K: 0	K: 0	K: 0

这是一系列的学生服搭配方案。男女生之间的穿着都有明显的识别性：男生是西裤，而女生是裙子，颜色较为统一。学生服装通常给人一种浓厚的学院风感觉。

长款的服装搭配，很适合秋季穿着，运用黑色这一永恒的流行色，适合和众多色彩搭配。非常符合学生服的服装搭配风格。

色彩点评

- 服装以黑色为主色，以小面积的白色、紫色和黄色作点缀，给人含蓄、婉约的印象。
- 深色调的配色，可以使学生无论在学习或活动时，都极为方便。

CMYK: 86,82,81,69　CMYK: 67,72,13,0
CMYK: 0,0,0,0　　　CMYK: 14,12,79,0

推荐色彩搭配

C: 44	C: 7	C: 23	C: 47	C: 24	C: 86	C: 0	C: 93	C: 42	C: 32	C: 2	C: 93
M: 91	M: 3	M: 17	M: 31	M: 52	M: 58	M: 0	M: 88	M: 4	M: 91	M: 5	M: 88
Y: 93	Y: 46	Y: 17	Y: 98	Y: 92	Y: 20	Y: 0	Y: 89	Y: 93	Y: 54	Y: 24	Y: 89
K: 12	K: 0	K: 0	K: 0	K: 0	K: 0	K: 0	K: 80	K: 0	K: 0	K: 0	K: 80

4

服装的风格与色彩

　　服装的风格是指不同种类、样式的服装在形式和内容方面所体现出来的价值理念、内在品位和艺术的共鸣。

　　在现代服装设计中，风格多元化是主流，类型大致包括：韩版风格、中性风格、朋克风格、欧美风格、学院风格、OL通勤风格、田园风格、民族风格、波西米亚风格、洛丽塔风格、哥特风格、森女风格、嬉皮士风格、英伦风格、维多利亚风格等。

　　其特点如下所述。

- ➢ 韩版风格是指衣服带有韩式风格的设计，是近年流行的一种服饰风格。主要特点是宽松、时尚、个性、休闲。与简单的色调应用相比较，韩版服装更擅长通过明暗对比的特殊效果来彰显其独特的时尚感。

- ➢ 中性风格服饰没有显著的性别特征，是男女都适用的服饰。舍弃一些女性本身的柔美和男性本身的刚强，以简约的造型和多变的色彩来体现其干练和简洁。
- ➢ 欧美风格是指服装在设计和整体风格上呈现华丽、浪漫的感觉，具有欧美的特点。

- ➢ 学院风格是由大气的剪裁结合经典的简单搭配，体现出学院单纯而不复杂的风格。
- ➢ OL通勤风格是指OL在办公和社交场合常穿的服饰。

4.1 韩版风格

色彩调性：柔和、雅致、优美、自然、华丽。

常用主题色：

CMYK:11,66,4,0　CMYK:4,31,60,0　CMYK:4,41,22,0　CMYK:16,13,44,0　CMYK:14,23,36,0　CMYK:42,13,70,0

常用色彩搭配

CMYK: 11,66,4,0
CMYK: 3,17,14,0

深优品紫红色搭配浅粉色，给人一种清亮、前卫的视觉感受，充满少女气息。

CMYK: 4,41,22,0
CMYK: 67,14,0,0

火鹤红色彩明度较低，搭配明度较高的道奇蓝色，给人以迪士尼童话般的幻想。

CMYK: 16,12,44,0
CMYK: 5,51,41,0

灰菊色搭配鲜红色，纯度较低的配色方式，给人一种优美、柔和的视觉感。

CMYK: 42,13,70,0
CMYK: 14,23,36,0

草绿色搭配米色，邻近色的配色方式，给人一种典雅、高贵的感觉。

配色速查

柔和	雅致	优美	自然

CMYK: 7,26,27,0
CMYK: 18,44,10,0
CMYK: 27,46,49,0
CMYK: 65,85,47,7

CMYK: 4,41,22,0
CMYK: 67,14,0,0
CMYK: 18,44,10,0
CMYK: 30,30,36,0

CMYK: 16,13,44,0
CMYK: 5,51,42,0
CMYK: 16,4,63,0
CMYK: 10,40,6,0

CMYK: 42,13,70,0
CMYK: 14,23,36,0
CMYK: 58,4,25,0
CMYK: 18,29,13,0

这是一套适合女性出门逛街时穿着的服装搭配方案。带有小波点图案的裤子，时尚百搭，搭配白色上衣，使整体散发出青春洋溢的气息。

色彩点评

■ 粉橘色的裤装，给人糖果般的视觉感受，让人感觉到甜蜜、温馨、可爱。

■ 搭配白色的上衣起到协调统一的作用。

米色的高跟鞋搭配黑色的袜子，极具混搭效果，也充分展现出韩版服装的风格特色。

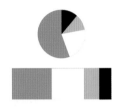

CMYK: 13,70,56,0 CMYK: 0,0,0,0
CMYK: 21,38,48,0 CMYK: 93,88,89,80

推荐色彩搭配

C: 36	C: 0	C: 81	C: 91	C: 4	C: 70	C: 3	C: 94	C: 68	C: 14	C: 2	C: 0
M: 98	M: 0	M: 79	M: 87	M: 42	M: 12	M: 5	M: 73	M: 61	M: 11	M: 23	M: 52
Y: 89	Y: 0	Y: 28	Y: 87	Y: 91	Y: 4	Y: 11	Y: 35	Y: 59	Y: 11	Y: 56	Y: 28
K: 2	K: 0	K: 0	K: 78	K: 0	K: 0	K: 0	K: 0	K: 9	K: 0	K: 0	K: 0

这是一套适合女性日常休闲时穿着的服装搭配方案。合身的明亮上装搭配短裙，整体散发出优雅、柔美的气息，协调统一的花纹更显精致。

色彩点评

■ 上装采用明亮的嫩黄色做主色，给人轻快、活力的感觉。搭配白色掺杂紫色花纹的短裙，散发出年轻、优雅的气息。

■ 搭配白色的高跟鞋，为整体搭配增加清凉感。

上身采用纱质材质制作而成，极具清凉明快之感。贴身的下装设计，更加突出了身材的曲线美。

CMYK: 20,16,80,0 CMYK: 0,0,0,0
CMYK: 80,88,45,9 CMYK: 93,88,89,80

推荐色彩搭配

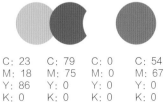

C: 23	C: 79	C: 0	C: 54	C: 57	C: 44	C: 0	C: 0	C: 7	C: 30	C: 78
M: 18	M: 75	M: 0	M: 67	M: 5	M: 0	M: 0	M: 65	M: 64	M: 0	M: 36
Y: 86	Y: 0	Y: 0	Y: 0	Y: 94	Y: 24	Y: 55	Y: 55	Y: 41	Y: 61	Y: 41
K: 0	K: 0	K: 0	K: 0	K: 0	K: 0	K: 0	K: 0	K: 0	K: 0	K: 0

4.2　中性风格

色彩调性：洒脱、优雅、干练、大方、成熟。

常用主题色：

CMYK:62,38,22,0　CMYK:52,55,32,0　CMYK:80,68,37,1　CMYK:63,65,71,18　CMYK:45,36,64,0　CMYK:50,45,52,0

常用色彩搭配

CMYK：62,38,22,0
CMYK：87,80,55,25

CMYK：52,55,32,0
CMYK：61,39,42,0

CMYK：63,65,71,18
CMYK：80,68,37,1

CMYK：45,36,64,0
CMYK：80,66,79,41

蓝灰色搭配蓝黑色，冷色彩进行搭配，给人以静谧和时尚之感。

浅灰紫色搭配青灰色，明度较低的色彩搭配，获得了独特的视觉效果。

深咖色搭配水墨蓝色，整体采用低明度的配色方式，给人以谨慎、干练的感觉。

芥末绿色搭配深墨绿色，整体搭配给人一种平和、内敛的视觉感。

配色速查

洒脱	优雅	干练	大方

CMYK：62,38,22,0
CMYK：9,9,9,0
CMYK：19,21,41,0
CMYK：64,71,52,7

CMYK：52,55,32,0
CMYK：91,85,89,77
CMYK：9,9,6,0
CMYK：74,87,51,17

CMYK：41,0,96,0
CMYK：52,33,31,0
CMYK：9,6,4,0
CMYK：93,88,86,78

CMYK：45,36,64,0
CMYK：50,45,52,0
CMYK：9,6,4,0
CMYK：13,32,18,0

这是一套适合女性春夏度假的服装搭配方案。除了以缤纷抢眼的条纹为主轴设计，多种明艳的色彩组合，将轻松而惬意的度假心情完美展现出来。

简单利落的裁剪，加上个性的条纹给服装增添了不少趣味的特质。

色彩点评

■ 以粉色和湖蓝色组合起来，打造出亮眼的服装组合，既柔和又清新。

■ 以白色条纹中和亮眼的色彩，为服装增添了稳定感。更好地突出多彩的服装，清凉又雅致。

CMYK: 4,38,30,0　　CMYK: 0,0,0,0
CMYK: 89,100,31,1　CMYK: 93,88,89,80

推荐色彩搭配

C: 8	C: 3	C: 7	C: 33	C: 7	C: 16	C: 2	C: 29	C: 43	C: 42	C: 0	C: 27
M: 60	M: 15	M: 18	M: 31	M: 20	M: 43	M: 1	M: 5	M: 0	M: 24	M: 0	M: 52
Y: 24	Y: 0	Y: 79	Y: 7	Y: 86	Y: 88	Y: 1	Y: 5	Y: 14	Y: 0	Y: 0	Y: 14
K: 0	K: 0	K: 0	K: 0	K: 0	K: 0	K: 0	K: 0	K: 0	K: 0	K: 0	K: 0

这是一套适合于女性春秋日常穿着的服装搭配方案。复古怀旧而又舒适自然的颜色，格纹与条纹的修饰。没有用太多的颜色却表达了秋天的时尚态度。

整体的剪裁很利落，裤装拖地的长度比较夸张，给人独立女性的感觉。

色彩点评

■ 上装以50%灰色作打底，加以简单低调的大地色却不显得沉闷。

■ 搭配浅一些的灰色下装，也为秋装增添了一抹不一样的色彩。

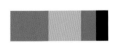

CMYK: 54,57,67,4　CMYK: 31,29,30,0
CMYK: 63,56,59,4　CMYK: 90,86,86,77

推荐色彩搭配

C: 14	C: 62	C: 46	C: 45	C: 53	C: 20	C: 78	C: 88	C: 75	C: 67	C: 96	C: 63
M: 23	M: 68	M: 48	M: 36	M: 65	M: 21	M: 57	M: 69	M: 74	M: 56	M: 74	M: 62
Y: 36	Y: 100	Y: 64	Y: 64	Y: 75	Y: 30	Y: 82	Y: 99	Y: 67	Y: 53	Y: 40	Y: 100
K: 0	K: 32	K: 0	K: 0	K: 9	K: 0	K: 22	K: 60	K: 35	K: 2	K: 3	K: 23

4.3　朋克风格

色彩调性： 新颖、张扬、另类、不羁、时尚。
常用主题色：

CMYK:36,33,89,0　CMYK:62,80,71,33　CMYK:31,97,18,0　CMYK:40,50,96,0　CMYK:50,100,100,29　CMYK:47,70,80,8

常用色彩搭配

CMYK: 36,33,89,0 CMYK: 26,69,93,0	CMYK: 62,80,71,33 CMYK: 53,47,48,0	CMYK: 56,65,100,18 CMYK: 53,72,79,16	CMYK: 40,50,96,0 CMYK: 65,62,77,20

土著黄色搭配琥珀色，纯度较低的色彩搭配，给人一种温暖、典雅的视觉感。

浅葱色搭配浅月光黄色，对比色的配色，给人一种轻快、明亮的气息。

深褐色搭配灰玫红色，纯度较低的色彩搭配，给人一种温暖、典雅的视觉感。

卡其黄色搭配浅咖啡色，整体搭配简约、和谐，能够让人感受到亲切感。

配色速查

新颖　　　**张扬**　　　**另类**　　　**不羁**

   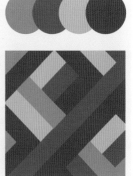

新颖	张扬	另类	不羁
CMYK: 36,33,89,0 CMYK: 26,69,93,0 CMYK: 14,18,61,0 CMYK: 34,57,8,0	CMYK: 62,80,71,33 CMYK: 53,47,48,0 CMYK: 12,39,78,0 CMYK: 36,59,0,0	CMYK: 56,65,100,18 CMYK: 53,72,79,16 CMYK: 38,49,76,0 CMYK: 12,19,90,0	CMYK: 40,50,96,0 CMYK: 65,62,77,20 CMYK: 19,33,54,0 CMYK: 54,78,85,25

这是一套朋克风格的春夏女装搭配方案。整体图样款式和色彩搭配简洁直接，具有个性鲜明的特性，如同节奏感十足的摇滚乐。

朋克风格服装的特点是不随波逐流，富有搭配创造力，表现了叛逆丰富的情感，诠释着他们对社会情感的理解。

色彩点评

■ 黑白斑纹的设计让人联想到疾驰的斑马，极具跳跃活力感。

■ 服装以黄色作点缀，打破了黑白斑纹的跳跃感，做了一个很好的融合。

 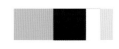

CMYK: 15,31,82,0　　CMYK: 87,82,89,73
CMYK: 0,0,0,0　　　CMYK: 11,7,58,0

推荐色彩搭配

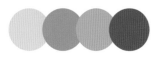

C: 5	C: 38	C: 63	C: 49
M: 19	M: 50	M: 33	M: 79
Y: 88	Y: 90	Y: 89	Y: 100
K: 0	K: 0	K: 0	K: 18

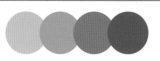

C: 17	C: 8	C: 0	C: 30
M: 26	M: 58	M: 90	M: 96
Y: 93	Y: 78	Y: 38	Y: 78
K: 0	K: 0	K: 0	K: 0

C: 44	C: 57	C: 68	C: 84
M: 43	M: 79	M: 60	M: 80
Y: 100	Y: 69	Y: 57	Y: 78
K: 0	K: 22	K: 8	K: 64

这是一套朋克风格的春夏女装搭配方案。整体服装搭配意在塑造自由奔放，洒脱恣意的特点，极具朋克风格。

色彩点评

■ 黑色搭配已成为朋克风的代表颜色，适合任何年龄段的穿着者。

■ 白色加米色的腰绳作点缀，朋克风和黑白混搭进行了美妙的融合，给人耳目一新的视听感受。

宽松、深V、双层褶皱的花边上衣搭配迷你裙，而腰身巧妙地用绳子系起来，充分展现出穿着者的完美曲线。

CMYK: 88,84,83,74　CMYK: 0,0,0,0
CMYK: 2,20,33,0

推荐色彩搭配

C: 59	C: 98	C: 69	C: 72
M: 84	M: 90	M: 63	M: 88
Y: 100	Y: 40	Y: 74	Y: 67
K: 48	K: 5	K: 22	K: 48

C: 73	C: 24	C: 57	C: 47
M: 66	M: 29	M: 63	M: 87
Y: 63	Y: 40	Y: 64	Y: 100
K: 19	K: 0	K: 8	K: 15

C: 100	C: 38	C: 65	C: 76
M: 100	M: 51	M: 66	M: 71
Y: 57	Y: 91	Y: 75	Y: 68
K: 17	K: 0	K: 23	K: 34

4.4 欧美风格

色彩调性：华丽、高贵、潮流、简约、热情。

常用主题色：

CMYK:28,100,54,0　CMYK:5,19,88,0　　CMYK:56,98,75,37　CMYK:100,91,47,9　CMYK:23,22,70,0　　CMYK:33,31,7,0

常用色彩搭配

CMYK: 28,100,54,0
CMYK: 36,33,89,0

CMYK: 100,91,47,9
CMYK: 51,64,14,0

CMYK: 56,98,75,37
CMYK: 70,50,42,0

CMYK: 5,19,88,0
CMYK: 9,85,86,0

宝石红色搭配土著黄色，浓郁的配色，给人华丽、浪漫的感觉。

午夜蓝色搭配浅木槿紫色，让人联想到静谧的夜空，给人以高贵、优雅的感觉。

博朗底酒红搭配青灰色，神秘的配色，给人以有静谧、浓郁的视觉感。

金色搭配朱红色，亮眼的色彩搭配，容易让人联想到收获、财富。

配色速查

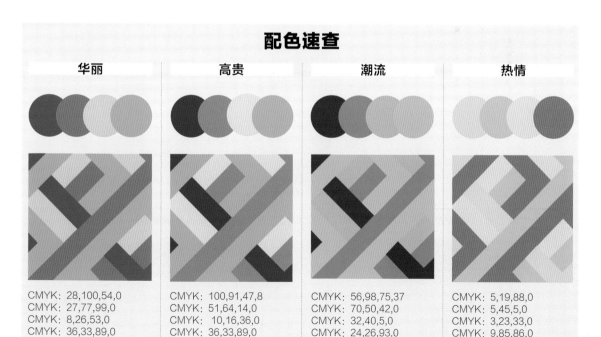

华丽	高贵	潮流	热情
CMYK: 28,100,54,0	CMYK: 100,91,47,8	CMYK: 56,98,75,37	CMYK: 5,19,88,0
CMYK: 27,77,99,0	CMYK: 51,64,14,0	CMYK: 70,50,42,0	CMYK: 5,45,5,0
CMYK: 8,26,53,0	CMYK: 10,16,36,0	CMYK: 32,40,5,0	CMYK: 3,23,33,0
CMYK: 36,33,89,0	CMYK: 36,33,89,0	CMYK: 24,26,93,0	CMYK: 9,85,86,0

这是一套适合女性出席宴会穿着的服装搭配方案。以单一的颜色和造型为主，体现出简单、自然的风格。

礼服由带有光泽的材质加上适当的层次感设计制作而成，获得了高雅、华丽的效果。

■ 大面积橄榄绿色的应用体现了简洁大方的效果。

■ 长款拖尾礼服设计，极具奢华感。

■ 腰身纤细的设计感，增加了整体服装的变化性。

CMYK: 67,68,92,37 CMYK: 59,53,79,6
CMYK: 29,18,45,0

推荐色彩搭配

C: 57	C: 40	C: 37	C: 46
M: 63	M: 50	M: 53	M: 37
Y: 64	Y: 96	Y: 71	Y: 81
K: 8	K: 0	K: 0	K: 0

C: 5	C: 38	C: 63	C: 49
M: 19	M: 50	M: 33	M: 79
Y: 88	Y: 90	Y: 89	Y: 100
K: 0	K: 0	K: 0	K: 18

C: 41	C: 12	C: 47	C: 34
M: 39	M: 19	M: 39	M: 15
Y: 55	Y: 38	Y: 89	Y: 85
K: 0	K: 0	K: 0	K: 0

这是一套适合女性日常穿着的服装搭配方案。服装整体采用毛呢面料，胸前的不规则裁剪和下摆廓形版式形成了完好的融合。

■ 毛呢大衣采用橘红色为主色，该色彩更偏红色，所以给人以直观视觉冲击力。

■ 内搭蓝黑色打底，对比色的配色方式，给人一种强烈、明快的视觉感。

加以黑色极具设计感的高跟鞋，以及浅色调的手提包，整体服装搭配凸显稳重的同时更显气质。

CMYK: 11,83,69,0   CMYK: 90,84,63,43
CMYK: 24,4,5,0   CMYK: 90,89,82,75

推荐色彩搭配

C: 25	C: 46	C: 4	C: 62
M: 24	M: 95	M: 45	M: 69
Y: 45	Y: 1	Y: 27	Y: 93
K: 0	K: 0	K: 0	K: 33

C: 23	C: 21	C: 62	C: 84
M: 95	M: 9	M: 54	M: 70
Y: 100	Y: 6	Y: 53	Y: 54
K: 0	K: 0	K: 1	K: 16

C: 61	C: 4	C: 66	C: 93
M: 90	M: 5	M: 11	M: 88
Y: 9	Y: 15	Y: 50	Y: 89
K: 0	K: 0	K: 0	K: 80

4.5 学院风格

色彩调性：轻松、活泼、亲切、单纯、朝气。

常用主题色：

CMYK:32,6,7,0　　CMYK:37,1,17,0　　CMYK:4,31,60,0　　CMYK:0,0,0,0　　CMYK:16,13,44,0　　CMYK:92,74,0,0

常用色彩搭配

CMYK: 32,6,7,0
CMYK: 14,23,36,0

水晶蓝色搭配米黄色，二者形成鲜明对比，给人一种轻松、舒心的感觉。

CMYK: 37,1,17,0
CMYK: 8,18,16,0

瓷青色搭配浅粉色，给人一种清亮、活泼的视觉感受，充满少女气息。

CMYK: 4,31,60,0
CMYK: 56,0,19,0

蜂蜜色搭配水青色，二者形成鲜明对比，给人一种清雅、朝气的感觉。

CMYK: 92,74,0,0
CMYK: 16,13,44,0

蓝色搭配灰菊色，充分展现出一种摩登、时尚的视觉效果。

配色速查

轻松	活泼	单纯	朝气

CMYK: 32,6,7,0	CMYK: 37,1,17,0	CMYK: 9,8,32,0	CMYK: 13,93,52,0
CMYK: 24,0,61,0	CMYK: 8,18,16,0	CMYK: 8,18,16,0	CMYK: 0,53,56,0
CMYK: 0,0,0,0	CMYK: 3,31,87,0	CMYK: 0,0,0,0	CMYK: 8,0,57,0
CMYK: 14,23,36,0	CMYK: 9,0,51,0	CMYK: 24,1,10,0	CMYK: 16,13,44,0

这是一套适合女性日常穿着的服装搭配方案。V领针织衫与毛呢材质蓬蓬长裙以及松糕鞋的搭配，每一处细节都充满了浓厚的学院风，给人以亲切平和的印象。

学院风服装简约率性，同时带有些复古和小叛逆气质。

色彩点评

- 服装整体采用学院风最具代表性的深棕色与浅棕色作为整体色调，点明主题，使人一目了然。
- 以清新校园风格为代表的着装，低调中又具有顶级品质的共同特性。

CMYK: 66,75,73,36　　CMYK: 34,49,57,0
CMYK: 0,0,0,0　　　　CMYK: 90,89,82,75

推荐色彩搭配

C: 56	C: 63	C: 63	C: 93
M: 98	M: 63	M: 56	M: 88
Y: 75	Y: 71	Y: 47	Y: 89
K: 37	K: 16	K: 1	K: 80

C: 79	C: 56	C: 61	C: 45
M: 44	M: 98	M: 48	M: 52
Y: 29	Y: 75	Y: 34	Y: 100
K: 0	K: 37	K: 0	K: 1

C: 52	C: 15	C: 56	C: 96
M: 70	M: 0	M: 57	M: 94
Y: 100	Y: 31	Y: 68	Y: 37
K: 17	K: 0	K: 5	K: 3

这是一套适合学生在校园的着装方案。受众人群年龄倾向于十几至二十岁的年轻女性。选用清爽的浅米色衬衫和蓝黑色百褶裙进行搭配，给人舒适放松的视觉感受。

搭配红鞋、格子长袜，即可看出穿着受众人群倾向年轻化，展现出穿着者简约轻松的外在形象。

色彩点评

- 整体服装采用蓝黑色和白色进行搭配，配色简洁大方，点明主题，使人一目了然。
- 米色的背包，与整体搭配协调统一，学院风十足。

CMYK: 9,7,13,0　　　　CMYK: 94,86,68,53
CMYK: 50,94,99,27　　CMYK: 61,99,60,24

推荐色彩搭配

C: 66	C: 10	C: 36	C: 94
M: 0	M: 30	M: 33	M: 89
Y: 87	Y: 23	Y: 89	Y: 52
K: 0	K: 0	K: 0	K: 23

C: 94	C: 49	C: 54	C: 55
M: 89	M: 18	M: 100	M: 55
Y: 52	Y: 10	Y: 100	Y: 100
K: 23	K: 0	K: 42	K: 7

C: 84	C: 21	C: 23	C: 23
M: 80	M: 21	M: 98	M: 46
Y: 84	Y: 36	Y: 49	Y: 97
K: 69	K: 0	K: 0	K: 0

4.6 OL通勤风格

色彩调性: 简约、优雅、干练、理智、素雅。

常用主题色:

CMYK:14,51,5,0　　CMYK:14,23,36,0　　CMYK:0,0,0,0　　　CMYK:96,78,1,0　　CMYK:67,59,56,6　　CMYK:93,88,89,80

常用色彩搭配

CMYK: 14,51,5,0
CMYK: 16,17,0,0

CMYK: 14,23,36,0
CMYK: 61,78,0,0

CMYK: 96,78,1,0
CMYK: 0,0,0,0

CMYK: 93,88,89,80
CMYK: 37,53,71,0

优品紫红色搭配淡紫色,柔和的配色方式,给人以含蓄、婉约的印象。

米黄色搭配紫藤色,整体搭配给人以优雅、迷人之感。

蔚蓝色搭配白色,给人以干练、理智的视觉感。

黑色搭配驼色,深色调的配色,整体搭配散发着高端、神秘的气息。

配色速查

优雅	干练	理智	素雅

CMYK: 14,51,5,0
CMYK: 16,17,0,0
CMYK: 16 ,13,44,0
CMYK: 31 ,64,0,0

CMYK: 96,78,1,0
CMYK: 0,0,0,0
CMYK: 62,33,26,0
CMYK: 93,88,86,78

CMYK: 87,91,0,0
CMYK: 97,100,50,2
CMYK: 80,70,0,0
CMYK: 40,32,13,0

CMYK: 93,88,89,80
CMYK: 37,53,71,0
CMYK: 0,0,0,0
CMYK: 14,20,25,0

这是一套适合女性工作时穿着的服装搭配方案。浅色调的正装设计，清纯中多了几分干练，非常适合初入职场的年轻白领。

淡青色的通勤套装，色彩纯净清冷，纤尘不染，充分展现出清新靓丽的美感。

色彩点评

- 采用淡青色为主色，上身为短款七分袖西服，下身为高腰款修身西裤。整体造型简洁干练。
- 白色长款手包和白色绑带高跟鞋搭配更显精干。

CMYK: 21,5,8,0　　CMYK: 0,0,0,0

推荐色彩搭配

C: 100	C: 0	C: 19	C: 7
M: 100	M: 0	M: 19	M: 13
Y: 68	Y: 0	Y: 69	Y: 15
K: 60	K: 0	K: 0	K: 0

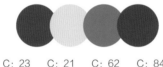

C: 23	C: 21	C: 62	C: 84
M: 95	M: 9	M: 54	M: 70
Y: 100	Y: 6	Y: 53	Y: 54
K: 0	K: 0	K: 1	K: 16

C: 61	C: 4	C: 66	C: 93
M: 90	M: 5	M: 11	M: 88
Y: 9	Y: 15	Y: 50	Y: 89
K: 0	K: 0	K: 0	K: 80

这是一套适合女性工作时穿着的服装搭配方案。服装整体采用了蕾丝的材质，轻盈而浪漫。

色彩点评

- 上装为亮灰色蕾丝上衣，下装为白色紧身高腰裙。整体造型给人以职业、内涵的感觉。
- 整体搭配中拼色手包最为亮眼，它使得整体搭配不过于清淡，给人出其不意的效果。

浅色调的服装搭配，给人以高雅、素净的印象。加以一抹亮色的点缀，雅致中多了些许的活力，非常适合职场女性。

CMYK: 49,93,99,23　　CMYK: 0,0,0,0
CMYK: 13,8,7,0　　　 CMYK: 37,26,22,0

推荐色彩搭配

C: 59	C: 0	C: 22	C: 93
M: 31	M: 0	M: 16	M: 88
Y: 100	Y: 0	Y: 16	Y: 89
K: 0	K: 0	K: 0	K: 80

C: 96	C: 0	C: 62	C: 93
M: 78	M: 0	M: 33	M: 88
Y: 1	Y: 0	Y: 26	Y: 86
K: 0	K: 0	K: 0	K: 78

C: 23	C: 79	C: 0	C: 54
M: 18	M: 75	M: 0	M: 67
Y: 86	Y: 71	Y: 0	Y: 0
K: 0	K: 0	K: 0	K: 0

4.7 田园风格

色彩调性： 清新、自然、典雅、细腻、精致。

常用主题色：

| CMYK:57,5,94,0 | CMYK:35,0,80,0 | CMYK:12,0,74,0 | CMYK:15,17,83,0 | CMYK:66,0,60,0 | CMYK:5,84,60,0 |

常用色彩搭配

CMYK: 57,5,94,0
CMYK: 12,6,66,0

苹果绿搭配浅月光黄色，明度较高的色彩搭配，给人一种清新、明快的感觉。

CMYK: 12,0,74,0
CMYK: 32,0,60,0

柠檬黄色搭配草绿色，整体散发着青春自然、淡雅明亮的气息。

CMYK: 15,17,83,0
CMYK: 64,0,78,0

含羞草黄色搭配淡绿色，亮眼的色调进行搭配，整体洋溢着春天清新的舒适感。

CMYK: 5,84,60,0
CMYK: 26,69,93,0

浅胭脂红搭配琥珀色，暖色调的搭配令人联想到炎热的夏天，极具吸引力。

配色速查

清新	自然	典雅	精致

CMYK: 57,5,94,0	CMYK: 12,0,74,0	CMYK: 38,77,59,1	CMYK: 5,84,60,0
CMYK: 7,1,73,0	CMYK: 67,0,90,0	CMYK: 58,100,42,2	CMYK: 42,31,82,0
CMYK: 0,0,0,0	CMYK: 6,4,33,0	CMYK: 29,20,92,0	CMYK: 19,11,90,0
CMYK: 67,0,95,0	CMYK: 32,0,60,0	CMYK: 42,55,74,0	CMYK: 26,69,93,0

这是一套适合女性日常出行穿着的服装搭配方案。服装整体设计给人以浓厚的秋意感，既简约又清新。

■ 白色为底的衬衫裙印有淡绿相间的麦穗图样，突出质朴、简洁的美感。

■ 搭配淡蓝色做旧感牛仔上衣，色彩搭配清爽、律动，极具田园气息。

CMYK: 52,30,67,0   CMYK: 65,49,31,0
CMYK: 9,7,5,0   CMYK: 24,24,45,0

宽松舒适的版型设计，更为符合主旨特点。低饱和度色彩搭配，给人以舒适的视觉感受。

推荐色彩搭配

C: 79	C: 35	C: 90	C: 73	C: 10	C: 13	C: 46	C: 87	C: 100	C: 45	C: 69	C: 9
M: 42	M: 25	M: 86	M: 56	M: 53	M: 13	M: 31	M: 63	M: 94	M: 15	M: 61	M: 67
Y: 10	Y: 54	Y: 87	Y: 46	Y: 52	Y: 68	Y: 31	Y: 31	Y: 42	Y: 96	Y: 58	Y: 60
K: 0	K: 0	K: 77	K: 1	K: 0	K: 0	K: 0	K: 0	K: 3	K: 0	K: 8	K: 0

这是一套适合年轻女性日常出行穿着的服装搭配方案。将田园写意风格带入设计之中，表现出品牌浪漫、自由、舒适的时尚风格。

■ 长裙以淡绿色为底，加以橘色印花结合荷叶边的设计，将众多自然感十足的时尚元素融合在一起。

■ 大面积的印花设计，极具田园风格。

 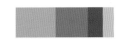

CMYK: 45,29,43,0   CMYK: 40,70,73,2
CMYK: 71,63,80,29   CMYK: 24,24,45,0

用舒适环保的自然棉麻材质打造出休闲惬意的全新风格。

推荐色彩搭配

C: 45	C: 91	C: 61	C: 10	C: 94	C: 19	C: 2	C: 46	C: 61	C: 10	C: 6	C: 74
M: 52	M: 59	M: 48	M: 8	M: 79	M: 5	M: 13	M: 13	M: 32	M: 4	M: 43	M: 49
Y: 100	Y: 79	Y: 34	Y: 34	Y: 18	Y: 5	Y: 25	Y: 75	Y: 17	Y: 27	Y: 75	Y: 100
K: 1	K: 31	K: 0	K: 0	K: 0	K: 0	K: 0	K: 0	K: 0	K: 0	K: 0	K: 11

4.8 民族风格

色彩调性： 庄重、文雅、个性、鲜明、浓郁。

常用主题色：

CMYK:5,19,88,0　CMYK:36,33,89,0　CMYK:19,100,100,0　CMYK:0,46,91,0　CMYK:31,48,100,0　CMYK:7,68,97,0

常用色彩搭配

CMYK: 5,19,88,0
CMYK: 11,94,40,0

金色搭配玫瑰红色，亮眼的色彩搭配，容易让人联想到收获和财富。

CMYK: 36,33,89,0
CMYK: 26,69,93,0

土著黄色搭配琥珀色，纯度较低的色彩搭配，给人一种温暖、典雅的视觉感。

CMYK: 0,46,91,0
CMYK: 64,0,81,0

橙黄色搭配鲜绿色，整体搭配给人一种清新自然、温暖如春的感觉。

CMYK: 7,68,97,0
CMYK: 31,48,100,0

橘红色搭配黄褐色，邻近色的配色方式，给人一种既活力又成熟的直观视觉感受。

配色速查

庄重	文雅	鲜明	浓郁

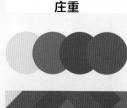  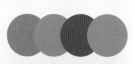

CMYK: 5,19,88,0　　CMYK: 36,33,89,0　　CMYK: 0,46,91,0　　CMYK: 7,68,97,0
CMYK: 11,94,40,0　　CMYK: 49,23,92,0　　CMYK: 21,0,69,0　　CMYK: 61,35,100,0
CMYK: 72,94,0,0　　CMYK: 11,14,30,0　　CMYK: 10,33,0,0　　CMYK: 42,82,65,3
CMYK: 44,83,100,11　CMYK: 26,69,93,0　　CMYK: 64,0,81,0　　CMYK: 31,48,100,0

这是一套适合年轻女性日常出行穿着的服装搭配方案。将西西里民族风情带入设计之中，独特的风格表现出了浪漫、自由的气息。

时尚的配色方式，没有多余的设计方式，化简为繁，充分地展现出高端的民族感。

色彩点评

■ 服装以五彩缤纷的色彩组合塑造出异域风情的神秘惊艳感。

■ 多彩的高跟鞋搭配，为整体的服装搭配营造出摩登性感的独特美感。

CMYK: 24,85,73,0 CMYK: 11,32,78,0
CMYK: 80,50,18,0 CMYK: 54,18,68,0

推荐色彩搭配

C: 0	C: 93	C: 82	C: 30
M: 96	M: 69	M: 31	M: 2
Y: 64	Y: 28	Y: 100	Y: 82
K: 0	K: 0	K: 0	K: 0

C: 76	C: 24	C: 3	C: 67
M: 27	M: 83	M: 59	M: 10
Y: 5	Y: 9	Y: 87	Y: 90
K: 0	K: 0	K: 0	K: 0

C: 12	C: 9	C: 42	C: 7
M: 21	M: 86	M: 13	M: 48
Y: 78	Y: 69	Y: 82	Y: 83
K: 0	K: 0	K: 0	K: 0

这是一套北欧民族风格的服装搭配方案。民族风格装饰效果强烈，色彩和图案之间达到了视觉的平衡。

色彩点评

■ 棕色、红色和绿色是北欧民族风最具代表性的色彩，点明主题，使人一目了然。

■ 以极具北欧风情的服装着装，个性既鲜明又浓郁。

用这种极具代表性的色彩和剪裁设计为民族风做宣传，风格独特又获得平衡效果。

CMYK: 64,65,68,17 CMYK: 0,0,0,0
CMYK: 85,45,97,7 CMYK: 50,93,94,26

推荐色彩搭配

C: 77	C: 53	C: 45	C: 46
M: 42	M: 100	M: 100	M: 51
Y: 65	Y: 82	Y: 78	Y: 49
K: 1	K: 34	K: 11	K: 0

C: 78	C: 66	C: 0	C: 30
M: 82	M: 35	M: 0	M: 97
Y: 0	Y: 43	Y: 0	Y: 90
K: 0	K: 0	K: 0	K: 0

C: 0	C: 93	C: 82	C: 30
M: 96	M: 69	M: 31	M: 2
Y: 64	Y: 28	Y: 100	Y: 82
K: 0	K: 0	K: 0	K: 0

4.9 波西米亚风格

色彩调性： 洒脱、亮丽、优雅、随意、绚丽。

常用主题色：

CMYK：19,100,100,0　CMYK：0,46,91,0　　CMYK：7,7,87,0　　CMYK：47,14,98,0　　CMYK：62,7,15,0　　CMYK：46,100,26,0

常用色彩搭配

CMYK：19,100,100,0
CMYK：5,19,88,0

CMYK：7,7,87,0
CMYK：13,16,48,0

CMYK：47,14,98,0
CMYK：11,38,40,0

CMYK：62,7,15,0
CMYK：46,100,26,0

鲜红色搭配金色，画面可获得和谐统一的美感，从而产生洒脱、醒目的视觉效果。

鲜黄色搭配灰菊色，可使整体画面展现出鲜艳、亮丽的视觉美感。

苹果绿色搭配鲑红色，这种互补色的配色，给人一种新鲜、欢快的视觉感。

水青色搭配蝴蝶花紫色，给人以清澈、优雅并富有趣味的视觉感受。

配色速查

洒脱

CMYK：19,100,100,0
CMYK：5,19,88,0
CMYK：8,6,6,0
CMYK：48,0,64,0

亮丽

CMYK：47,14,98,0
CMYK：7,11,87,0
CMYK：0,51,76,0
CMYK：10,38,40,0

随意

CMYK：7,7,87,0
CMYK：13,16,48,0
CMYK：0,0,0,0
CMYK：0,66,31,0

绚丽

CMYK：62,7,15,0
CMYK：46,100,26,0
CMYK：9,3,71,0
CMYK：0,87,69,0

这是一套适合女性在海边度假时穿着的服装搭配方案。各色印花与民族元素相结合，波西米亚式的夸张拼色，打造出华丽优雅的视觉效果。

花纹、拼接设计一如既往地呈现在人们眼前，便诞生了一个欢快、自由且闲适的波西米亚风格的度假系列。

色彩点评

- 海浪、沙滩、阳光的配色，与各类充满度假风情的印花都十分引人注目。
- 雪纺大摆裙，飘逸唯美动人，高腰设计使穿着者更加高挑。

CMYK：17,12,53,0　CMYK：100,89,13,0
CMYK：27,98,87,0　CMYK：57,51,54,1

推荐色彩搭配

C: 24	C: 67	C: 24	C: 73
M: 32	M: 9	M: 96	M: 30
Y: 71	Y: 39	Y: 62	Y: 100
K: 0	K: 0	K: 0	K: 0

C: 39	C: 10	C: 73	C: 94
M: 100	M: 30	M: 36	M: 76
Y: 35	Y: 81	Y: 49	Y: 19
K: 0	K: 0	K: 0	K: 0

C: 28	C: 16	C: 73	C: 28
M: 83	M: 9	M: 36	M: 95
Y: 94	Y: 63	Y: 47	Y: 41
K: 0	K: 0	K: 0	K: 0

这是一套适合女性在海边度假时穿着的服装搭配方案。柔顺的长裙展现出端庄、成熟的气质。腰部巧妙的设计，能够起到显示身材的作用。

同色调的鞋子，搭配极具波西米亚元素的图案设计，充分展现出异域情怀，适合身材姣好的女性穿着。

CMYK：9,72,77,0　　CMYK：13,31,83,0
CMYK：4,23,24,0　　CMYK：77,25,36,,0

色彩点评

- 长裙以橘黄色为主色，在炎热的夏季给人热情、活力的感觉。
- 袖口处设计成橙黄色的叠加蝴蝶边，十分精致。
- 手腕处蓝绿色的丝巾设计，更显清新。

推荐色彩搭配

C: 42	C: 14	C: 2	C: 70
M: 10	M: 0	M: 35	M: 33
Y: 91	Y: 82	Y: 80	Y: 0
K: 0	K: 0	K: 0	K: 0

C: 0	C: 53	C: 19	C: 0
M: 90	M: 0	M: 0	M: 63
Y: 22	Y: 82	Y: 79	Y: 75
K: 0	K: 0	K: 0	K: 0

C: 0	C: 64	C: 60	C: 9
M: 71	M: 5	M: 4	M: 4
Y: 6	Y: 17	Y: 70	Y: 79
K: 0	K: 0	K: 0	K: 0

4.10 洛丽塔风格

色彩调性： 清纯、淡雅、稚嫩、柔美、浪漫。

常用主题色：

CMYK:63,0,81,0　　CMYK:3,82,23,0　　CMYK:25,58,0,0　　CMYK:5,19,88,0　　CMYK:14,23,36,0　　CMYK:8,60,24,0

常用色彩搭配

CMYK: 63,0,81,0
CMYK: 1,7,18,0

CMYK: 11,66,4,0
CMYK: 3,17,14,0

CMYK: 5,19,88,0
CMYK: 37,8,11,0

CMYK: 8,60,24,0
CMYK: 14,23,36,0

鲜绿色搭配浅米黄色，整体搭配在明亮的视觉中散发着稳定，舒适的气息。

优品紫红色搭配浅粉色，给人一种淡雅、前卫的视觉感受，充满少女气息。

金色搭配水晶蓝色，冷暖对比的配色方式，让人联想到清透、柔美。

浅玫瑰红色搭配米色，浅色调的色彩搭配，生动地展现出优雅、浪漫的美。

配色速查

清纯	淡雅	柔美	浪漫

   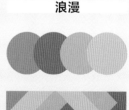

CMYK: 63,0,81,0
CMYK: 1,7,18,0
CMYK: 6,1,61,0
CMYK: 29,0,8,0

CMYK: 11,66,4,0
CMYK: 1,11,87,0
CMYK: 28,38,0,0
CMYK: 3,17,14,0

CMYK: 5,19,88,0
CMYK: 1,7,18,0
CMYK: 1,36,11,0
CMYK: 37,8,11,0

CMYK: 8,60,24,0
CMYK: 24,74,0,0
CMYK: 18,38,0,0
CMYK: 14,23,36,0

这是一款洛丽塔风格洋装。服装整体充满西方传统的民族气息，与旧时宫廷装相似，给人优雅大方的感觉。

连身裙主要以下散式伞裙为主，在用料上十分注重整体线条和修身的效果。

色彩点评

■ 服装整体选用大面积粉色为底色，并印满裙身空心和实心的心形作装饰，更添一丝公主气息。

■ 柔和的配色，充分展现出洛丽塔风格的梦幻气息。

CMYK: 1,42,17,0　　CMYK: 5,12,8,0

推荐色彩搭配

C: 1	C: 2	C: 0	C: 0
M: 38	M: 60	M: 22	M: 84
Y: 91	Y: 88	Y: 10	Y: 39
K: 0	K: 0	K: 0	K: 0

C: 29	C: 9	C: 40	C: 3
M: 69	M: 5	M: 0	M: 19
Y: 48	Y: 31	Y: 27	Y: 9
K: 0	K: 0	K: 0	K: 0

C: 15	C: 0	C: 1	C: 11
M: 73	M: 51	M: 2	M: 18
Y: 0	Y: 21	Y: 2	Y: 65
K: 0	K: 0	K: 0	K: 0

这是一款洛丽塔风格洋装。服装整体以粉嫩色调为主，加上丰富的花朵图样作装饰，极具洛丽塔气息。

荷叶褶是最大的特色，在袖带、暗花纹等衬托下，有一种复古摩登的精致感。

色彩点评

■ 服装整体以大面积粉色打底，柔和的色调，传递出优美、典雅的感觉。

■ 印满裙身黑白粉三色的花朵，经典百搭的波点元素也应用其中，更增添了一丝复古色彩。

CMYK: 16,49,8,0　　CMYK: 86,88,76,68
CMYK: 0,0,0,0　　　CMYK: 7,25,1,0

推荐色彩搭配

C: 10	C: 9	C: 49	C: 94
M: 30	M: 63	M: 18	M: 89
Y: 23	Y: 18	Y: 10	Y: 52
K: 0	K: 0	K: 0	K: 23

C: 7	C: 18	C: 27	C: 65
M: 26	M: 44	M: 46	M: 85
Y: 27	Y: 10	Y: 49	Y: 47
K: 0	K: 0	K: 0	K: 7

C: 4	C: 13	C: 29	C: 41
M: 9	M: 39	M: 9	M: 28
Y: 38	Y: 8	Y: 45	Y: 4
K: 0	K: 0	K: 0	K: 0

4.11　哥特风格

色彩调性：冰冷、神秘、古典、沉稳、庄重。

常用主题色：

CMYK:96,78,1,0　　CMYK:67,59,56,6　　CMYK:100,100,54,6　CMYK:88,100,31,0　CMYK:56,98,75,37　CMYK:93,88,89,88

常用色彩搭配

CMYK：96,78,1,0　　　CMYK：100,100,54,6　CMYK：88,100,31,0　CMYK：56,98,75,37
CMYK：92,80,47,11　　CMYK：74,45,11,0　　CMYK：92,65,44,4　　CMYK：93,88,89,88

蔚蓝色搭配普鲁士蓝色，低明度高纯度的配色，给人以沉稳、内敛的感觉。

深蓝色搭配浅石青色，低明度的配色，给人一种庄重而深邃的视觉感。

靛青色搭配浓蓝色，冷色调的配色方式，给人一种神秘、高端的视觉感受。

博朗底酒红色搭配黑色，深色调的配色，让人感受到浓郁与古典。

配色速查

神秘	古典	沉稳	庄重

CMYK：88,100,31,0　　CMYK：56,98,75,37　　CMYK：96,78,1,0　　　CMYK：100,100,54,6
CMYK：99,100,58,15　CMYK：93,88,89,88　　CMYK：47,61,91,4　　CMYK：56,98,75,37
CMYK：92,65,44,4　　　CMYK：46,38,35,0　　CMYK：58,66,28,0　　CMYK：66,60,100,22
CMYK：59,91,2,0　　　CMYK：63,62,100,22　CMYK：92,80,47,11　　CMYK：88,100,31,0

这是一套适合于男性日常穿着的服装搭配。较深的颜色、简单的图案和修身的剪裁可体现品位和内涵。

下装图案的搭配为原本沉闷的色彩添加了一些亮点，整体设计层次分明，给人一种神秘、高端的视觉感受。

色彩点评

■ 整体服装以紫色为主色，搭配中使用不同明度的紫色，给人典雅、品味和安稳的感觉。

■ 深沉的色调很符合哥特风格的服装气质。

CMYK: 72,80,72,49　CMYK: 84,84,63,43
CMYK: 43,40,22,0　CMYK: 54,95,99,41

推荐色彩搭配

 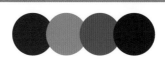 

C: 93	C: 67	C: 93	C: 59	C: 100	C: 36	C: 89	C: 93	C: 59	C: 79	C: 77	C: 100
M: 88	M: 64	M: 69	M: 59	M: 100	M: 69	M: 79	M: 90	M: 59	M: 75	M: 68	M: 100
Y: 89	Y: 59	Y: 49	Y: 69	Y: 61	Y: 45	Y: 46	Y: 68	Y: 69	Y: 73	Y: 40	Y: 60
K: 80	K: 11	K: 10	K: 8	K: 31	K: 0	K: 9	K: 58	K: 8	K: 48	K: 2	K: 22

这是一套适合女性在日常休闲时的着装。长款的大衣给人以大气、沉稳、个性的感觉。

色彩点评

■ 服装整体采用红、黑色相搭配，这样配色方式是哥特风格的最好体现。

■ 金色的扣子为整体深色的应用增添高贵气息。从而体现出神秘、深沉的气质。

大衣双排扣、高腰设计以及较大的裙摆，很好地修饰了身形比例。总体色调一致，给人一种庄重、沉稳的感觉。

CMYK: 58,98,98,53　CMYK: 91,86,87,78
CMYK: 40,42,99,0

推荐色彩搭配

 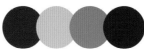 

C: 93	C: 66	C: 77	C: 34	C: 54	C: 24	C: 78	C: 75	C: 62	C: 53	C: 6	C: 42
M: 88	M: 65	M: 78	M: 46	M: 100	M: 27	M: 45	M: 80	M: 80	M: 47	M: 12	M: 57
Y: 89	Y: 69	Y: 48	Y: 85	Y: 100	Y: 50	Y: 70	Y: 93	Y: 71	Y: 48	Y: 31	Y: 69
K: 80	K: 18	K: 10	K: 0	K: 33	K: 0	K: 3	K: 66	K: 33	K: 0	K: 0	K: 1

4.12 森女风格

色彩调性：素雅、朴实、自然、低调、原始。

常用主题色：

CMYK:5,51,41,0　　CMYK:14,23,36,0　　CMYK:37,53,71,0　　CMYK:40,50,96,0　　CMYK:36,22,66,0　　CMYK:81,52,72,10

常用色彩搭配

CMYK: 5,51,42,0　　　CMYK: 14,23,36,0　　CMYK: 37,53,71,0　　CMYK: 36,22,66,0
CMYK: 56,11,33,0　　CMYK: 26,40,0,0　　　CMYK: 9,10,61,0　　　CMYK: 81,52,72,10

鲑红色搭配青瓷绿色，柔色调的配色方式，充分展现出温柔、优雅的视觉感。

米色搭配淡紫色，二者形成鲜明的对比，形成典雅、优美的视觉效果。

驼色搭配浅香蕉黄色，邻近色的配色方式给人一种稳定、温暖的视觉感。

芥末绿色搭配清漾青色，低明度的配色，具有优雅的通透感。

配色速查

素雅	朴实	自然	低调

CMYK: 5,51,42,0	CMYK: 14,23,36,0	CMYK: 36,22,66,0	CMYK: 37,53,71,0
CMYK: 0,0,0,0	CMYK: 10,24,65,0	CMYK: 46,0,67,0	CMYK: 9,10,61,0
CMYK: 56,11,33,0	CMYK: 40,50,96,0	CMYK: 0,0,0,0	CMYK: 10,4,27,0
CMYK: 24,18,18,0	CMYK: 36,22,66,0	CMYK: 81,52,72,10	CMYK: 42,34,40,0

这是一套适合女性出门逛街时穿着的服装搭配方案。该连衣裙采用了棉麻材质碎花设计而成，充分展现出穿着者烂漫的文艺气质。

运用假植物作装饰，棉麻式的朴素自然与文艺情怀，成为整体服装的点睛之笔。

色彩点评

■ 整体服装以大面积的大地色为主色，纷繁却淡雅，棉麻的质朴纹路让花纹韵味更佳。

■ 米色的花纹为服饰提供新鲜的映照，充分展现出轻柔自然之美。

CMYK: 44,53,64,0　CMYK: 16,14,27,0
CMYK: 52,43,90,1

推荐色彩搭配

 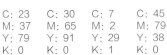 

C: 62	C: 53	C: 6	C: 42	C: 23	C: 30	C: 7	C: 45	C: 12	C: 31	C: 11	C: 1
M: 80	M: 47	M: 12	M: 57	M: 37	M: 65	M: 2	M: 79	M: 43	M: 22	M: 7	M: 96
Y: 71	Y: 48	Y: 31	Y: 69	Y: 79	Y: 91	Y: 29	Y: 38	Y: 65	Y: 80	Y: 25	Y: 60
K: 33	K: 0	K: 0	K: 1	K: 0	K: 0	K: 1	K: 0	K: 0	K: 0	K: 0	K: 0

这是一套适合女性出门逛街时穿着的服装搭配方案。长款、长袖设计，可以巧妙遮住自身缺点，且很符合森女风的气质。

色彩点评

■ 选用白色为底加上淡绿色圆点设计而成，充分展现穿着者淡雅内涵的气质。

■ 在小细节的地方提升气质，显得整体搭配小清新气质十足。

该连衣裙采用灯笼袖设计可以遮住粗手臂更有美感，腰身部位的收腰设计，更显腰形，凸显性感魅力。

CMYK: 53,61,87,9　CMYK: 21,9,71,0

推荐色彩搭配

C: 26	C: 9	C: 46	C: 26	C: 6	C: 18	C: 8	C: 26	C: 26	C: 6	C: 36	C: 56
M: 33	M: 16	M: 30	M: 33	M: 6	M: 21	M: 15	M: 5	M: 33	M: 6	M: 44	M: 55
Y: 48	Y: 18	Y: 0	Y: 48	Y: 28	Y: 24	Y: 57	Y: 2	Y: 48	Y: 28	Y: 100	Y: 100
K: 0	K: 0	K: 0	K: 0	K: 0	K: 0	K: 0	K: 0	K: 0	K: 0	K: 0	K: 7

4.13 嬉皮士风格

色彩调性： 自由、随意、炫酷、夸张、率性。

常用主题色：

CMYK:56,98,75,37　CMYK:60,84,100,49　CMYK:40,50,96,0　　　CMYK:56,45,93,1　CMYK:81,52,72,10　CMYK:93,88,89,88

常用色彩搭配

CMYK: 56,98,75,37
CMYK: 56,11,33,0

博朗底酒红色搭配青瓷绿色，对比色的配色，在魅惑中流露出淡雅的气息。

CMYK: 40,50,96,0
CMYK: 26,40,0,0

卡其黄色搭配淡紫色，二者形成鲜明的对比，充分体现出典雅、优美的视觉感。

CMYK: 56,45,93,1
CMYK: 61,32,17,0

苔藓绿色搭配浅蓝灰色，邻近色的配色方式，给人一种清透、沉稳的视觉感。

CMYK: 81,52,72,10
CMYK: 87,53,37,0

清漾青色搭配浓蓝色，整体搭配给人一种鲜明、稳重的视觉感。

配色速查

随意	炫酷	夸张	率性

 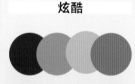   

CMYK: 56,98,75,37
CMYK: 6,6,28,0
CMYK: 56,11,33,0
CMYK: 12,21,78,0

CMYK: 60,84,100,49
CMYK: 40,50,96,0
CMYK: 26,40,0,0
CMYK: 9,86,69,0

CMYK: 56,45,93,1
CMYK: 61,32,17,0
CMYK: 84,79,0,0
CMYK: 62,81,25,0

CMYK: 40,50,96,0
CMYK: 61,32,17,0
CMYK: 26,40,0,0
CMYK: 35,98,61,0

这是一套适合女性日常穿着的服装搭配方案。整体服饰以多层次的造型为主，繁杂的搭配又不失规律。撑起的肩部设计传递出与众不同的搭配理念。

多层次的搭配设计加以暖色调的配色方式，给人温暖、活泼的视觉感受。

色彩点评

- 明亮的橙色系，象征着热情、积极和独特。加以橘红色的搭配，是一种典型的暖色调搭配。
- 加以深蓝色的装饰搭配起到相互衬托的作用。

CMYK: 19,70,70,0　　CMYK: 27,65,58,0
CMYK: 21,45,70,0　　CMYK: 98,99,42,9

推荐色彩搭配

C: 28	C: 27	C: 0	C: 65	C: 3	C: 16	C: 2	C: 28	C: 32	C: 42	C: 26	C: 13
M: 28	M: 46	M: 0	M: 71	M: 31	M: 17	M: 23	M: 81	M: 91	M: 4	M: 36	M: 67
Y: 85	Y: 98	Y: 0	Y: 100	Y: 87	Y: 82	Y: 47	Y: 100	Y: 54	Y: 93	Y: 96	Y: 97
K: 0	K: 0	K: 0	K: 41	K: 0	K: 0	K: 0	K: 0	K: 0	K: 0	K: 0	K: 0

这是一套适合女性日常穿着的服装搭配方案。服装以亮片的应用体现出材料的独特性和标新立异。具有硬度和特殊花纹的造型设计为整体增添了极强的动感和跃动感。

色彩点评

- 整体服装色调为蓝色，体现出神秘、独特的感觉。
- 同时搭配多种明亮的颜色，增加了服饰搭配的丰富程度。

金属光泽的亮片应用极具魅力感，加以丰富的色彩搭配突出整体造型效果，使整体服饰造型表现非常活跃。

CMYK: 94,80,15,0　　CMYK: 84,48,35,0
CMYK: 29,27,83,0　　CMYK: 38,98,57,1

推荐色彩搭配

C: 59	C: 24	C: 46	C: 86	C: 44	C: 18	C: 72	C: 93	C: 52	C: 65	C: 91	C: 95
M: 31	M: 52	M: 99	M: 58	M: 63	M: 34	M: 12	M: 67	M: 13	M: 78	M: 63	M: 83
Y: 100	Y: 92	Y: 100	Y: 20	Y: 100	Y: 55	Y: 25	Y: 62	Y: 60	Y: 3	Y: 56	Y: 78
K: 0	K: 0	K: 17	K: 0	K: 4	K: 0	K: 0	K: 25	K: 0	K: 0	K: 12	K: 67

4.14 英伦风格

色彩调性： 复古、稳重、端庄、传统、优雅。

常用主题色：

CMYK:62,38,22,0　CMYK:88,100,31,0　CMYK:100,100,58,15　CMYK:52,55,32,0　CMYK:14,23,36,0　CMYK:93,88,89,88

常用色彩搭配

CMYK：62,38,22,0
CMYK：19,21,41,0

蓝灰色搭配米黄色，低明度的配色方式，为画面增添了复古的艺术性。

CMYK:100,100,58,15
CMYK：69,100,10,0

深蓝色彩明度较低，搭配同样低明度的水晶紫色，会为画面增添趣味性和艺术性。

CMYK：52,55,32,0
CMYK：91,85,89,77

浅紫色搭配黑色，低调的配色方式，给人一种稳重、端庄的感觉。

CMYK：14,23,36,0
CMYK：100,100,59,22

米色搭配藏青色，对比色的配色。给人一种强烈、醒目的视觉感，极具宣传效果。

配色速查

复古	稳重	端庄	传统

CMYK：62,38,22,0
CMYK：56,98,75,37
CMYK：52,43,53,0
CMYK：19,21,41,0

CMYK：52,55,32,0
CMYK：91,85,89,77
CMYK：9,9,6,0
CMYK：74,87,51,17

CMYK：62,38,22,0
CMYK：9,9,9,0
CMYK：19,21,41,0
CMYK：64,71,52,7

CMYK：14,23,36,0
CMYK：56,80,58,10
CMYK：51,64,82,9
CMYK：100,100,59,22

这是一套适合女性日常穿着的服装搭配方案。服装上身采用白色衬衣与毛衣搭配，下身则是暗花纹的七分短裤，极具中性时尚的个性感。

色彩点评

- 黑色主打的服装设计采用红色点缀，既经典又时尚。
- 红色高跟鞋和手提包搭配套装又为服装增添了一丝女人味。

极具英伦特色的图案，稳重又不失优雅韵味，充分洋溢着浓郁的英伦风，将时尚感与休闲感完美地结合在一起。

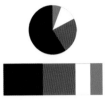

CMYK: 88,84,84,75 CMYK: 10,92,76,0
CMYK: 0,0,0,0 CMYK: 71,51,11,0

推荐色彩搭配

C: 36	C: 0	C: 81	C: 91	C: 59	C: 82	C: 0	C: 57	C: 87	C: 53	C: 71	C: 36
M: 98	M: 0	M: 79	M: 87	M: 100	M: 61	M: 0	M: 65	M: 64	M: 47	M: 80	M: 100
Y: 89	Y: 0	Y: 28	Y: 87	Y: 33	Y: 12	Y: 0	Y: 100	Y: 1	Y: 22	Y: 27	Y: 94
K: 2	K: 0	K: 0	K: 78	K: 1	K: 0	K: 0	K: 19	K: 0	K: 0	K: 0	K: 2

这是一套适合女性日常穿着的服装搭配方案。宽松的棋盘格大衣既富有青春活力，又能显现出典雅高贵。

色彩点评

- 大衣以黑白相间的格子设计而成，配色虽然普通却十分经典，体现轻松休闲感。
- 加以小面积的青瓷绿色作点缀，更为整体服装增添了大气感。极其引人注目。

独特的苏格兰格纹蔓延着一种浪漫的风情，又充满浓浓的怀旧感。

CMYK: 88,84,84,75 CMYK: 0,0,0,0
CMYK: 59,27,48,0 CMYK: 8,23,34,0

推荐色彩搭配

C: 93	C: 0	C: 78	C: 35	C: 100	C: 40	C: 0	C: 42	C: 83	C: 97	C: 42	C: 49
M: 88	M: 0	M: 45	M: 27	M: 99	M: 100	M: 0	M: 21	M: 100	M: 86	M: 33	M: 97
Y: 83	Y: 0	Y: 89	Y: 29	Y: 51	Y: 100	Y: 0	Y: 72	Y: 46	Y: 46	Y: 32	Y: 94
K: 75	K: 0	K: 5	K: 0	K: 5	K: 5	K: 0	K: 0	K: 3	K: 12	K: 0	K: 26

4.15 维多利亚风格

色彩调性： 华丽、柔美、奢华、热情、高贵。

常用主题色：

CMYK:28,100,54,0　CMYK:27,100,100,0　CMYK:5,19,88,0　CMYK:31,48,100,0　CMYK:55,28,78,0　CMYK:92,65,44,4

常用色彩搭配

CMYK: 28,100,54,0
CMYK: 4,34,65,0

宝石红色搭配沙棕色，象征着热烈和华丽，有种很舒适的过渡感。

CMYK: 5,19,88,0
CMYK: 8,53,22,0

金色搭配浅玫瑰红色，明亮的色彩搭配，散发着淡雅、柔美的气息。

CMYK: 31,48,100,0
CMYK: 18,1,59,0

黄褐色搭配浅芥末黄色，黄色调的配色方式，给人一种热情、明朗的视觉感受。

CMYK: 92,65,44,4
CMYK: 54,12,93,0

浓蓝色搭配苹果绿色，整体搭配给人一种富有层次的高贵感。

配色速查

华丽	柔美	热情	高贵

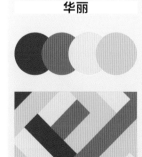   

CMYK: 28,100,54,0　CMYK: 5,19,88,0　CMYK: 31,48,100,0　CMYK: 92,65,44,4
CMYK: 8,80,90,0　CMYK: 7,71,0,0　CMYK: 0,50,91,0　CMYK: 54,100,79,36
CMYK: 8,6,43,0　CMYK: 2,20,10,0　CMYK: 1,7,18,0　CMYK: 5,19,88,0
CMYK: 2,29,57,0　CMYK: 8,53,22,0　CMYK: 18,1,59,0　CMYK: 54,12,93,0

这是一套适合女性出席宴会、仪式时穿着的礼仪服装搭配方案。层次分明的设计，给人清晰、利落的印象。顺滑材质的应用，体现出华丽、富贵和辉煌的效果。

带有抽褶的袖口、立领设计，这些维多利亚风格的元素，具有醒目作用，而且增加了整体服装的时尚感。

色彩点评

■ 以金黄色为主色，金黄色在黄色的基础上更加明亮和鲜艳，给人一种高贵、神圣的感觉。

■ 白色的宽腰带搭配，增加了整体服装的华丽感。

CMYK: 30,49,77,0   CMYK: 29,41,64,0
CMYK: 0,0,0,0   CMYK: 38,47,51,0

推荐色彩搭配

C: 0	C: 55	C: 7	C: 59
M: 49	M: 69	M: 15	M: 92
Y: 89	Y: 100	Y: 24	Y: 100
K: 0	K: 21	K: 0	K: 52

C: 4	C: 33	C: 4	C: 68
M: 35	M: 48	M: 17	M: 73
Y: 90	Y: 100	Y: 53	Y: 100
K: 0	K: 0	K: 0	K: 48

C: 16	C: 19	C: 1	C: 46
M: 26	M: 85	M: 17	M: 37
Y: 84	Y: 100	Y: 26	Y: 100
K: 0	K: 0	K: 0	K: 0

这是一款极具维多利亚时代特色的女士服装，在领口、裙摆处设计出蕾丝花边，显得情调十足。

色彩点评

■ 以粉色和黑色进行搭配，既展现了公主般的柔美感，又体现了女性的妩媚气息。

■ 黑色的印花与黑色蕾丝相互搭配，这种柔美而不失含蓄的复古风格，带给人们耳目一新的感觉。

一字领、高腰、公主袖等元素的应用，体现了维多利亚时代的艺术风貌。

CMYK: 3,33,25,0   CMYK: 19,71,57,0
CMYK: 83,85,89,75

推荐色彩搭配

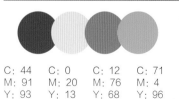

C: 44	C: 0	C: 12	C: 71
M: 91	M: 20	M: 76	M: 4
Y: 93	Y: 13	Y: 68	Y: 96
K: 12	K: 0	K: 0	K: 0

C: 2	C: 2	C: 9	C: 14
M: 76	M: 27	M: 51	M: 94
Y: 0	Y: 13	Y: 10	Y: 45
K: 0	K: 0	K: 0	K: 0

C: 36	C: 4	C: 19	C: 17
M: 100	M: 9	M: 34	M: 72
Y: 100	Y: 10	Y: 44	Y: 53
K: 2	K: 0	K: 0	K: 0

5

第5章

服装面料与
色彩

面料在服装设计中具有举足轻重的作用，不同的面料会给人不同的视觉感受，如棉麻给人自然舒适的感觉、丝绸给人华丽高档的感觉、蕾丝给人性感迷人的感觉。

日常生活中人们需要出入各种场所。比如，出入工作场所，穿着面料硬挺样式简洁的服装，显得整体干练笔挺；出入社交场所时，可以大胆使用适宜场合的服装面料与色彩。

服装材料与色彩搭配有着密切的关系。色彩应用在不同材质的面料上，所呈现的光泽、质感也会有所不同。

5.1 雪纺面料

色彩调性： 轻柔、飘逸、淡雅、舒适、时尚。

常用主题色：

CMYK: 1,15,11,0　　CMYK: 2,2,24,0　　CMYK: 14,1,6,0　　CMYK: 1,3,8,0　　CMYK: 32,6,7,0　　CMYK: 15,22,0,0

常用色彩搭配

CMYK: 1,15,11,0
CMYK: 51,42,40,0

CMYK: 2,2,24,0
CMYK: 14,1,6,0

CMYK: 32,6,7,0
CMYK: 2,37,34,0

CMYK: 15,22,0,0
CMYK: 14,23,36,0

浅粉红色搭配灰色，整体色彩搭配仙气十足，富有轻柔的少女气息。

浅奶黄色搭配白青色，浅色调的配色方式，极具飘逸的视觉效果。

水晶蓝色搭配浅鲑红色，整体给人一种轻盈、淡雅的视觉印象。

淡紫色搭配米黄色，冷暖色调的搭配方式，给人以时尚、优雅的视觉感受。

配色速查

轻柔	飘逸	淡雅	时尚

CMYK: 1,15,11,0
CMYK: 51,42,40,0
CMYK: 0,0,0,0
CMYK: 19,0,22,0

CMYK: 2,2,24,0
CMYK: 0,16,7,0
CMYK: 0,0,0,0
CMYK: 35,12,0,0

CMYK: 32,6,7,0
CMYK: 3,0,15,0
CMYK: 31,0,28,0
CMYK: 2,37,34,0

CMYK: 15,22,0,0
CMYK: 25,76,0,0
CMYK: 67,73,0,0
CMYK: 14,23,36,0

该方案适合女性在日常出席活动时着装，上衣为深V的火鹤红雪纺内搭，搭配浅粉红的阔腿雪纺裤和长及地面的雪纺披风，整体造型仙气十足，富有少女气息。

宽松的服装搭配，浅色调的配色方式，都是少女感的全部体现。

色彩点评

■ 服装以粉红色为主色，给人感觉清凉舒爽，适合夏季穿着。

■ 大面积的粉色调搭配，给人感觉清雅甜美，也象征着浪漫甜蜜。

CMYK: 6,6,6,0　　CMYK: 8,16,13,0
CMYK: 9,37,18,0

推荐色彩搭配

   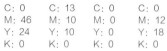

C: 15	C: 0	C: 13	C: 0	C: 0	C: 13	C: 0	C: 0	C: 1	C: 4	C: 0	C: 4
M: 22	M: 0	M: 38	M: 25	M: 46	M: 10	M: 0	M: 12	M: 20	M: 58	M: 16	M: 0
Y: 0	Y: 0	Y: 0	Y: 11	Y: 24	Y: 10	Y: 0	Y: 18	Y: 37	Y: 34	Y: 7	Y: 23
K: 0	K: 0	K: 0	K: 0	K: 0	K: 0	K: 0	K: 0	K: 0	K: 0	K: 0	K: 0

该方案适合女性在日常休闲时着装搭配。简洁大方的雪纺外套搭配动感的雪纺裙摆，具有简约的时尚感。内搭大量的纱质花边效果强调了其甜美、优雅的气质。

极具规整的上衣剪裁搭配，极具动感的短裙裙摆设计，更具装饰性和时尚性。

色彩点评

■ 大面积的浅灰色应用给人轻盈、简洁的视觉感受。

■ 粉色的内搭搭配重叠的花边，极具柔美和清新的感觉。

■ 白色系的应用给人简洁大方的感觉。

CMYK: 13,9,3,0　　CMYK: 9,23,11,0
CMYK: 0,0,0,0　　CMYK: 32,24,15,0

推荐色彩搭配

  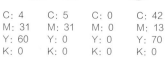 

C: 4	C: 5	C: 0	C: 42	C: 28	C: 4	C: 0	C: 4	C: 14	C: 6	C: 31	C: 19
M: 31	M: 31	M: 0	M: 13	M: 0	M: 25	M: 0	M: 0	M: 0	M: 15	M: 24	M: 0
Y: 60	Y: 0	Y: 0	Y: 70	Y: 9	Y: 13	Y: 0	Y: 23	Y: 32	Y: 17	Y: 24	Y: 7
K: 0	K: 0	K: 0	K: 0	K: 0	K: 0	K: 0	K: 0	K: 0	K: 0	K: 0	K: 0

该方案适合女性在出席宴会时着装。简约的抹胸裁剪设计，加以渐变的配色，极具层次设计感。

礼服的高腰线设计，提高了穿着者的腰线从而勾勒出完美比例。而抹胸的设计露出了穿着者迷人的锁骨，凸显出性感高挑的身材。

色彩点评

■ 选用不同青色调进行搭配，整体服装造型给人轻柔、淡雅的视觉感。

■ 冷色调的配色方式，清冽而不张扬的气息。

CMYK: 100,100,60,32 CMYK: 82,45,0,0
CMYK: 55,0,17,0　　CMYK: 14,0,4,0

推荐色彩搭配

C: 75	C: 33	C: 5	C: 65
M: 68	M: 1	M: 12	M: 22
Y: 0	Y: 2	Y: 72	Y: 0
K: 0	K: 0	K: 0	K: 0

C: 59	C: 84	C: 47	C: 58
M: 79	M: 50	M: 0	M: 27
Y: 0	Y: 5	Y: 11	Y: 0
K: 0	K: 0	K: 0	K: 0

C: 19	C: 61	C: 60	C: 82
M: 0	M: 19	M: 75	M: 77
Y: 7	Y: 0	Y: 0	Y: 0
K: 0	K: 0	K: 0	K: 0

该方案适合女性在出席活动时着装。服装选用露出大片肌肤的独特性感剪裁，不必费心搭配，仅用一条宽金属腰带就将服装整体的曲线美与质感美一览无遗地展现了出来。

色彩点评

■ 服装整体选用奶白色作为主色调，飞扬的衣襟给人以牛奶般的丝滑感受。

■ 深灰色的金属材质腰带给整体服装增添了一丝摩登气息。

雪纺面料质地柔软、轻薄透明、手感滑爽、富有弹性，外观清淡爽洁，具有良好的透气感和悬垂性，给人舒适飘逸之感。

CMYK: 0,3,8,0　　CMYK: 73,68,76,37

推荐色彩搭配

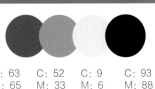

C: 63	C: 52	C: 9	C: 93
M: 65	M: 33	M: 6	M: 88
Y: 71	Y: 31	Y: 4	Y: 86
K: 18	K: 0	K: 0	K: 88

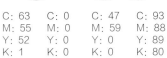

C: 63	C: 0	C: 47	C: 93
M: 55	M: 0	M: 59	M: 88
Y: 52	Y: 0	Y: 0	Y: 89
K: 1	K: 0	K: 0	K: 80

C: 94	C: 10	C: 0	C: 93
M: 89	M: 30	M: 0	M: 88
Y: 52	Y: 23	Y: 0	Y: 89
K: 23	K: 0	K: 0	K: 80

5.2 蕾丝面料

色彩调性：朦胧、性感、神秘、娇媚、优雅。

常用主题色：

CMYK:32,6,7,0　　CMYK:33,31,7,0　　CMYK:22,43,8,0　　CMYK:0,3,8,0　　CMYK:16,12,44,0　　CMYK:37,1,17,0

常用色彩搭配

CMYK: 32,6,7,0
CMYK: 100,88,54,23

CMYK: 33,31,7,0
CMYK: 22,43,8,0

CMYK: 0,3,8,0
CMYK: 30,30,36,0

CMYK: 37,1,17,0
CMYK: 8,18,16,0

水晶蓝色搭配普鲁士蓝色，蓝色调的搭配会令人联想到朦胧之美。

丁香紫搭配蔷薇紫色，整体色彩给人一种性感的视觉美感。

白色加灰土色，纯净的白与低调的灰相搭配，给人一种低调、优雅的感觉。

瓷青色搭配浅粉色，给人一种前卫的视觉感受，充满妩媚的少女气息。

配色速查

朦胧	性感	娇媚	优雅

 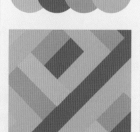  

CMYK: 32,6,7,0
CMYK: 21,10,13,0
CMYK: 100,88,54,23
CMYK: 22,45,22,0

CMYK: 33,31,7,0
CMYK: 51,83,0,0
CMYK: 17,63,0,0
CMYK: 22,43,8,0

CMYK: 37,1,17,0
CMYK: 0,79,57,0
CMYK: 4,0,21,0
CMYK: 8,18,16,0

CMYK: 30,30,36,0
CMYK: 0,33,5,0
CMYK: 0,0,0,0
CMYK: 22,10,4,0

该方案适合正式场合的女性穿着。将版型巧妙地设计为半透明蕾丝紧身款式，搭配蕾丝元素透明纱质的朦胧质感，将腿部线条修饰的更加笔直修长。

层叠的搭配使服装整体更具质感。镂空长裙里搭一件内衬短裙将层次感立刻凸显出来，透露出神秘悠扬的性感。

色彩点评

- 服装以紫灰色蕾丝元素半透明长裙搭配金色高跟鞋，以低调奢华的视觉感受呈现在大众的面前。
- 低调的配色方式，加以若隐若现的镂空打底衫更提升了性感指数。

CMYK: 40,34,23,0　　CMYK: 13,11,10,0
CMYK: 38,48,98,0

推荐色彩搭配

C: 16	C: 4	C: 6	C: 37
M: 13	M: 31	M: 21	M: 1
Y: 44	Y: 60	Y: 33	Y: 17
K: 0	K: 0	K: 0	K: 0

C: 58	C: 37	C: 11	C: 56
M: 4	M: 1	M: 20	M: 13
Y: 25	Y: 17	Y: 33	Y: 47
K: 0	K: 0	K: 0	K: 0

C: 15	C: 14	C: 56	C: 32
M: 51	M: 23	M: 13	M: 6
Y: 5	Y: 36	Y: 47	Y: 7
K: 0	K: 0	K: 0	K: 0

该方案适合正式场合的女性穿着。服装为一条长及地面的壳黄红色绸缎长裙，外包裹着一层精美绝伦的手工蕾丝，整体感觉低调奢华。

长裙纤细的腰身、吊带和通体的蕾丝设计，使穿着者极具精致的美感。

CMYK: 9,21,17,0　　CMYK: 14,30,28,0
CMYK: 38,60,72,1

色彩点评

- 长裙以浅壳黄红色作打底，加以深壳黄红色作蕾丝点缀，给人华丽、典雅的感觉。
- 金黄的披肩长发与优美典雅的壳黄红色长裙交相辉映、美不胜收。

荐色彩搭配

C: 11	C: 3	C: 8	C: 22
M: 66	M: 17	M: 60	M: 43
Y: 4	Y: 14	Y: 24	Y: 8
K: 0	K: 0	K: 0	K: 0

C: 15	C: 0	C: 0	C: 22
M: 17	M: 33	M: 0	M: 10
Y: 83	Y: 5	Y: 0	Y: 4
K: 0	K: 0	K: 0	K: 0

C: 0	C: 11	C: 4	C: 25
M: 52	M: 33	M: 2	M: 0
Y: 40	Y: 0	Y: 34	Y: 90
K: 0	K: 0	K: 0	K: 0

这是一套适合正式场合或者出席喜宴时穿着的服装。服装采用蕾丝材质制作而成，裙摆处做了下摆不对称设计，可以凸显穿着者的纤细长腿。

胸口处M形抹胸在半透明蕾丝网纱的衬托下更凸显娇媚诱人的身姿。

色彩点评

- 服装以白色为主色，极具纯洁的美感。
- 同样白色的鞋子，与白色的服装相互协调统一。

CMYK: 0,0,0,0

推荐色彩搭配

C: 29	C: 9	C: 0	C: 63	C: 30	C: 37	C: 0	C: 60	C: 15	C: 0	C: 2	C: 61
M: 10	M: 6	M: 0	M: 65	M: 99	M: 30	M: 16	M: 100	M: 18	M: 0	M: 4	M: 61
Y: 12	Y: 4	Y: 0	Y: 71	Y: 42	Y: 28	Y: 7	Y: 71	Y: 60	Y: 0	Y: 22	Y: 100
K: 0	K: 0	K: 0	K: 18	K: 0	K: 0	K: 0	K: 44	K: 0	K: 0	K: 0	K: 18

该方案适合女性约会时穿着。以镂空的图案设计与蕾丝相结合，体现出强烈的女性化风格，给人柔美、浪漫的感觉。

服装的亮点在于腰前的腰带设计，以及整体服装的蕾丝镂空设计，其立体感和通透感极强。

色彩点评

- 服装以浅粉红色的应用会令人感到柔和、典雅。使用黑色的装饰，增加了整体的对比和装饰效果。
- 黑色的腰带和蝴蝶结起到了点缀和装饰作用。

CMYK: 6,7,7,0　　CMYK: 59,85,78,40
CMYK: 23,19,21,0

推荐色彩搭配

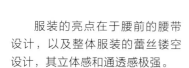  

C: 55	C: 26	C: 7	C: 55	C: 11	C: 0	C: 13	C: 40	C: 8	C: 25	C: 0	C: 66
M: 69	M: 20	M: 15	M: 95	M: 9	M: 36	M: 10	M: 35	M: 24	M: 10	M: 0	M: 60
Y: 100	Y: 19	Y: 24	Y: 100	Y: 31	Y: 18	Y: 10	Y: 78	Y: 14	Y: 24	Y: 0	Y: 86
K: 21	K: 0	K: 0	K: 44	K: 0	K: 0	K: 0	K: 0	K: 0	K: 0	K: 0	K: 20

色彩调性: 温暖、柔软、知性、放松、雅致。

常用主题色:

CMYK: 8,60,24,0　　CMYK: 5,25,52,0　　CMYK: 0,63,56,0　　CMYK: 56,13,47,0　　CMYK: 80,42,22,0　　CMYK: 51,64,14,0

常用色彩搭配

CMYK: 8,60,24,0
CMYK: 55,28,78,0

CMYK: 0,63,56,0
CMYK: 60,27,23,0

CMYK: 5,25,52,0
CMYK: 40,15,0,0

CMYK: 56,13,47,0
CMYK: 51,64,14,0

浅玫瑰红色搭配叶绿色,在浪漫温暖中营造出清新、舒适的视觉效果。

橙色搭配蓝灰色,冷暖色调的配色方式,知性又不乏时尚气息。

蜂蜜色搭配天青色,二者搭配是一种令人身心愉悦的颜色,极具放松感。

青瓷绿色搭配紫灰色,邻近色的配色方式,充分展现出雅致又高贵的气息。

配色速查

温暖	知性	放松	雅致

CMYK: 8,60,24,0
CMYK: 0,17,27,0
CMYK: 3,48,77,0
CMYK: 55,28,78,0

CMYK: 0,63,56,0
CMYK: 15,13,14,0
CMYK: 0,0,0,0
CMYK: 60,27,23,0

CMYK: 5,25,52,0
CMYK: 4,0,17,0
CMYK: 36,0,48,0
CMYK: 40,15,0,0

CMYK: 56,13,47,0
CMYK: 7,4,11,0
CMYK: 0,48,0,0
CMYK: 51,64,14,0

这是一套适合女性日常穿着的服装搭配方案。服装以蓝灰色的粗纹理针织毛衣搭配纱质长裙和细腰带，是如今较为时尚的搭配。

毛衣上的起伏变化纹理，体现了大气、简洁。而长裙上的花纹颜色拼接设计，也凸显出休闲、放松的感觉。

色彩点评

■ 服装以大面积的蓝灰色为主色，给人以冷静、大气和淡雅的感觉。

■ 加以淡粉色的点缀则起到了增强整体变化和装饰的作用。

CMYK: 75,62,36,1　CMYK: 9,19,15,0
CMYK: 89,86,84,75

推荐色彩搭配

C: 60	C: 21	C: 16	C: 71	C: 82	C: 13	C: 0	C: 75	C: 53	C: 18	C: 29	C: 82
M: 60	M: 21	M: 18	M: 80	M: 61	M: 23	M: 0	M: 63	M: 100	M: 45	M: 19	M: 66
Y: 6	Y: 36	Y: 0	Y: 39	Y: 12	Y: 16	Y: 0	Y: 48	Y: 100	Y: 30	Y: 8	Y: 34
K: 0	K: 0	K: 0	K: 2	K: 0	K: 0	K: 0	K: 4	K: 42	K: 0	K: 0	K: 1

这是一套适合女性日常休闲时穿着的服装搭配。宽松的针织毛衣加以宽松的裤子，使穿着者穿起来更加舒适、随性。

独特的舒适性和款型的随意性，会受到大众的喜爱与追捧。

色彩点评

■ 服装以粉色为主色，以蓝黑色作点缀，营造出一种轻松休闲的气息。

■ 以深色调的凉鞋作点缀，更增添了整体服装的休闲与放松。

CMYK: 6,49,10,0　　CMYK: 83,77,61,32

推荐色彩搭配

C: 35	C: 17	C: 37	C: 92	C: 21	C: 7	C: 15	C: 66	C: 23	C: 5	C: 12	C: 74
M: 64	M: 38	M: 30	M: 87	M: 22	M: 11	M: 23	M: 58	M: 78	M: 47	M: 10	M: 71
Y: 0	Y: 0	Y: 28	Y: 85	Y: 86	Y: 0	Y: 0	Y: 55	Y: 35	Y: 12	Y: 59	Y: 67
K: 0	K: 0	K: 0	K: 77	K: 0	K: 0	K: 0	K: 4	K: 0	K: 0	K: 0	K: 32

这是一套适合男性日常穿着的服装搭配方案。渐变花纹的针织毛衣增加了整体服装的造型感，使其不会过于单调。而针织的材质则给人厚度、温暖的感觉。

毛衣为圆形的花纹设计极具几何感，搭配孔雀绿色的裤子、褐色的鞋子，给人温暖、稳重的感觉。

色彩点评

■ 上身以大面积的奶白色作主色，给人朴素、幽静的视觉感。

■ 以绿色和黄色等鲜艳色彩作点缀，起到了衬托和对比整体服装的作用。

CMYK: 5,6,9,0　　CMYK: 85,47,56,2
CMYK: 20,13,58,0　CMYK: 55,86,90,37

推荐色彩搭配

C: 62	C: 12	C: 46	C: 82	C: 4	C: 5	C: 49	C: 55	C: 27	C: 18	C: 76	C: 71
M: 85	M: 0	M: 60	M: 26	M: 35	M: 35	M: 16	M: 100	M: 39	M: 99	M: 13	M: 98
Y: 0	Y: 36	Y: 100	Y: 94	Y: 90	Y: 46	Y: 5	Y: 5	Y: 97	Y: 81	Y: 51	Y: 0
K: 0	K: 0	K: 4	K: 0	K: 0	K: 0	K: 0	K: 0	K: 0	K: 0	K: 0	K: 0

这是一套适合男性日常穿着的服装搭配方案。明媚的亮眼针织毛衣增加了整体服装的清爽感，打造出充满开朗的气质感。

色彩点评

■ 上身以蜂蜜色为主色，以天青色的衬衫和红色领带作内搭，极具明朗的雅致气息。

■ 下身搭配蓝黑色裤子和深绿色鞋子作点缀，给人以冷静、理智的印象。

毛衣领口处宽阔、利落的裁剪设计，提升了个人的气质指数，充分展现出阳光、自信的外在形象。

CMYK: 6,27,53,0　　CMYK: 88,82,72,58
CMYK: 44,20,6,0　　CMYK: 80,48,98,10

推荐色彩搭配

C: 8	C: 21	C: 49	C: 100	C: 9	C: 32	C: 4	C: 89	C: 58	C: 15	C: 18	C: 89
M: 18	M: 39	M: 0	M: 91	M: 66	M: 5	M: 6	M: 86	M: 32	M: 51	M: 0	M: 54
Y: 61	Y: 94	Y: 13	Y: 48	Y: 0	Y: 93	Y: 23	Y: 0	Y: 0	Y: 74	Y: 26	Y: 100
K: 0	K: 0	K: 0	K: 12	K: 0	K: 0	K: 0	K: 0	K: 0	K: 0	K: 0	K: 25

5.4 丝绸面料

色彩调性： 富丽、华贵、柔顺、风雅、大方。

常用主题色：

 CMYK:19,100,69,0　　 CMYK:0,46,91,0　　 CMYK:15,17,83,0　　 CMYK:37,53,71,0　　 CMYK:8,60,24,0　　 CMYK:48,22,30,0

常用色彩搭配

CMYK: 19,100,69,0
CMYK: 54,87,67,18

胭脂红色搭配博朗底酒红色，整体画面在优雅中洋溢着稳重富丽的气息。

CMYK: 15,17,83,0
CMYK: 81,79,0,0

含羞草黄色搭配紫色，配色浓郁有张力，给人以妖艳、华贵的感觉。

CMYK: 8,60,24,0
CMYK: 37,1,17,0

浅玫瑰红色搭配瓷青色，饱和度较低的配色方式，给人以清纯、风雅的感觉。

CMYK: 48,22,30,0
CMYK: 72,71,62,23

青灰色搭配深灰色，灰色调的配色方式，给人以一种朴素、大方的视觉感受。

配色速查

富丽	华贵	风雅	大方

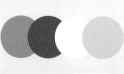

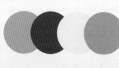

CMYK: 19,100,69,0　　CMYK: 15,17,83,0　　CMYK: 8,60,24,0　　CMYK: 48,22,30,0
CMYK: 22,41,97,0　　CMYK: 81,79,0,0　　CMYK: 66,80,0,0　　CMYK: 72,71,62,23
CMYK: 2,15,43,0　　CMYK: 20,59,0,0　　CMYK: 0,0,0,0　　CMYK: 11,0,46,0
CMYK: 54,87,67,18　CMYK: 25,69,100,0　CMYK: 37,1,17,0　　CMYK: 24,54,0,0

该方案适合女性在日常出席活动时着装。使用丝织材料制作服装会给人雍容华贵的感觉。在服装上设计些许的动物和花朵的图案应用使整体极具东方韵味。

带有光泽的丝织拼接会给人顺滑的感觉，前短后长的服装设计，使整体造型散发出高贵、典雅的气质。

色彩点评

■ 整体服装采用褐色为主色，给人大方、典雅、贵重的感觉。

■ 加以浅褐色的搭配颜色对比明显，突出部分细节。不同材质的拼接给人以立体感和体积感。

CMYK: 36,49,47,0　　CMYK: 67,71,73,31
CMYK: 20,30,27,0

推荐色彩搭配

C: 26	C: 2	C: 53	C: 93
M: 74	M: 10	M: 60	M: 88
Y: 39	Y: 35	Y: 89	Y: 89
K: 0	K: 0	K: 9	K: 80

C: 18	C: 35	C: 7	C: 51
M: 30	M: 95	M: 13	M: 59
Y: 29	Y: 59	Y: 13	Y: 100
K: 0	K: 1	K: 0	K: 7

C: 29	C: 9	C: 34	C: 3
M: 69	M: 5	M: 54	M: 19
Y: 48	Y: 31	Y: 62	Y: 9
K: 0	K: 0	K: 0	K: 0

该方案适合女性在日常出席活动时着装。顺滑的丝绸材质非常适合制作长款礼服，自然给人以舒适的感受。变化的不规则裙摆则极具特色。

色彩点评

■ 整体服装以青色为主色，会使人联想到湖泊或海洋，给人清澈、凉爽之感。

■ 搭配白色的腰带和紫色鞋子，传递出梦幻、典雅的视觉感。

柔软的服装材质加以大气的拼接裙摆设计，展现出既舒适又精致的视觉效果。

CMYK: 57,33,37,0　　CMYK: 0,0,0,0
CMYK: 76,76,58,24

推荐色彩搭配

C: 82	C: 40	C: 64	C: 78
M: 78	M: 55	M: 82	M: 60
Y: 76	Y: 0	Y: 15	Y: 0
K: 57	K: 0	K: 0	K: 0

C: 46	C: 26	C: 49	C: 70
M: 37	M: 33	M: 0	M: 53
Y: 35	Y: 36	Y: 17	Y: 51
K: 0	K: 0	K: 0	K: 1

C: 39	C: 79	C: 48	C: 73
M: 23	M: 62	M: 42	M: 67
Y: 3	Y: 16	Y: 39	Y: 64
K: 0	K: 0	K: 0	K: 21

该方案适合女性在日常出席活动时着装。服装设计充分展现出女性的柔情美和奢华美。宝石蓝丝缎面料如同肌肤般顺滑，低胸和短裙设计也显露出女性独特的曲线美。

极具层次的短款裙摆设计，可以凸显女性的纤细长腿。再配以奢华的项链，充分展现出女性的柔美气质。

色彩点评

■ 服装整体采用宝石蓝色为主色，不仅可以凸显女性富丽堂皇的美，还很衬肤色，更显白皙。

■ 搭配白色腰带和金色高跟鞋，更为女性专属的华美气质锦上添花。

CMYK: 82,62,0,0   CMYK: 0,0,0,0
CMYK: 25,39,68,0

推荐色彩搭配

C: 34	C: 43	C: 0	C: 60	C: 85	C: 62	C: 20	C: 100	C: 0	C: 6	C: 4	C: 87
M: 60	M: 30	M: 0	M: 92	M: 76	M: 45	M: 6	M: 100	M: 65	M: 23	M: 0	M: 57
Y: 0	Y: 100	Y: 0	Y: 0	Y: 0	Y: 3	Y: 45	Y: 59	Y: 89	Y: 68	Y: 16	Y: 14
K: 0	K: 0	K: 0	K: 0	K: 0	K: 0	K: 0	K: 20	K: 0	K: 0	K: 0	K: 0

这是一套适合女性居家穿着的服装搭配。服装以丝绸做面料，顺滑的手感和轻薄的蕾丝，是丝绸睡衣的常用设计。

短款加以纤细的吊带设计，更加适合居家休闲时穿着。

色彩点评

■ 服装以青蓝色为主色，以白色蕾丝作装饰，简单又兼具性感。

■ 简单的色彩搭配，更加凸显了整体造型的轻松、舒适感。

CMYK: 80,34,24,0   CMYK: 0,0,0,0

推荐色彩搭配

C: 21	C: 82	C: 5	C: 24	C: 70	C: 24	C: 60	C: 93	C: 62	C: 65	C: 0	C: 93
M: 29	M: 58	M: 0	M: 19	M: 68	M: 19	M: 51	M: 88	M: 44	M: 0	M: 0	M: 88
Y: 4	Y: 0	Y: 37	Y: 16	Y: 0	Y: 16	Y: 48	Y: 89	Y: 84	Y: 36	Y: 0	Y: 89
K: 0	K: 0	K: 0	K: 0	K: 0	K: 0	K: 0	K: 80	K: 2	K: 0	K: 0	K: 80

色彩调性：轻松、休闲、舒适、随性、率真。

常用主题色：

CMYK: 15,51,5,0 CMYK: 8,60,24,0 CMYK: 61,36,30,0 CMYK: 14,23,36,0 CMYK: 50,45,53,0 CMYK: 56,13,47,0

常用色彩搭配

CMYK: 8,60,24,0
CMYK: 14,23,36,0

CMYK: 61,36,30,0
CMYK: 37,53,71,0

CMYK: 50,45,53,0
CMYK: 18,29,13,0

CMYK: 56,13,47,0
CMYK: 7,42,36,0

浅玫瑰红色搭配米黄色，浅色调的色彩搭配，展现出优雅、轻松的视觉感。

青灰色搭配驼色，冷暖色的配色方式，给人以舒适、柔和的视觉感受。

深驼色搭配藕荷色，灰色调的配色方式，有意想不到的效果，极具随性气息。

青瓷绿色搭配浅鲑红色，对比色的配色方式，给人一种典雅、率真的感觉。

配色速查

轻松	舒适	随性	率真

CMYK: 8,60,24,0
CMYK: 21,16,15,0
CMYK: 0,0,0,0
CMYK: 14,23,36,0

CMYK: 61,36,30,0
CMYK: 37,53,71,0
CMYK: 4,4,17,0
CMYK: 0,25,4,0

CMYK: 50,45,53,0
CMYK: 19,0,62,0
CMYK: 4,1,24,0
CMYK: 18,29,13,0

CMYK: 56,13,47,0
CMYK: 60,47,0,0
CMYK: 20,0,7,0
CMYK: 7,42,36,0

这是一套适合女性在日常出行时穿着的服装。服装整体为白色棉麻质地长裙，款式简洁大方，棕色皮质细带拉长了腿部线条。

色彩点评

■ 服装以白色为主色，在服装配色设计中，白色是高端、纯净的象征。

■ 棕色皮包与棕色皮带相呼应，给人秀丽典雅的感觉。

CMYK: 4,3,2,0   CMYK: 41,69,79,2

宽松剪裁、一字抹胸设计，更为休闲的服装增添了一种性感、凉爽的印象。

推荐色彩搭配

   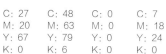

C: 5	C: 0	C: 0	C: 45	C: 27	C: 48	C: 0	C: 7	C: 6	C: 47	C: 0	C: 43
M: 52	M: 48	M: 0	M: 98	M: 20	M: 63	M: 0	M: 18	M: 28	M: 80	M: 0	M: 62
Y: 12	Y: 38	Y: 0	Y: 100	Y: 67	Y: 79	Y: 0	Y: 24	Y: 20	Y: 80	Y: 0	Y: 84
K: 0	K: 0	K: 0	K: 14	K: 0	K: 6	K: 0	K: 0	K: 0	K: 11	K: 0	K: 2

这是一套适合女性在日常休闲时穿着的服装。将简单的颜色应用在简单的材质面料上，两种极简元素拼凑在一起却能碰撞出奇妙的火花。

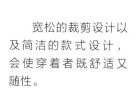

色彩点评

■ 服装以白色为主色，以小面积的黑色作点缀，充分诠释了棉麻的质感。

■ 加以简单的项链作装饰，其服装风格具有很强的可塑性。

CMYK: 5,4,4,0   CMYK: 89,87,82,74

宽松的裁剪设计以及简洁的款式设计，会使穿着者既舒适又随性。

推荐色彩搭配

C: 93	C: 47	C: 0	C: 22	C: 100	C: 0	C: 50	C: 9	C: 53	C: 6	C: 0	C: 94
M: 84	M: 19	M: 0	M: 14	M: 94	M: 0	M: 34	M: 67	M: 67	M: 10	M: 0	M: 92
Y: 74	Y: 18	Y: 0	Y: 13	Y: 42	Y: 0	Y: 0	Y: 60	Y: 55	Y: 20	Y: 0	Y: 80
K: 63	K: 0	K: 0	K: 0	K: 3	K: 0	K: 0	K: 0	K: 3	K: 0	K: 0	K: 74

这是一套适合女性日常穿着的服装。简洁的款式设计，给人复古、幽静的感受。黑色边缘上的绣花，象征着自然、平淡的生活态度。

简单的设计给人朴素、大方的感觉。宽松的七分袖设计，更为整体服装增添了些许舒适、放松之感。

色彩点评

- 服装以棉麻质地的鼠尾草蓝色作主色，散发出独特的气质，优雅而耐看。

- 黑色的边缘和粉红色绣花装饰，起到点缀作用。

CMYK: 62,50,37,0　CMYK: 89,87,82,74
CMYK: 26,51,31,0

推荐色彩搭配

C: 37	C: 28	C: 42	C: 67
M: 37	M: 33	M: 13	M: 76
Y: 68	Y: 34	Y: 82	Y: 100
K: 0	K: 0	K: 0	K: 52

C: 67	C: 8	C: 49	C: 76
M: 44	M: 39	M: 50	M: 74
Y: 40	Y: 44	Y: 55	Y: 81
K: 0	K: 0	K: 0	K: 53

C: 25	C: 44	C: 69	C: 76
M: 55	M: 36	M: 61	M: 74
Y: 28	Y: 33	Y: 58	Y: 81
K: 0	K: 0	K: 8	K: 53

这是一套适合男性日常穿着的服装。服装以灰土色连帽衣裤作为主调，黑色网状罩衫作为辅助，在沉稳的男性气质外还体现出时尚摩登的元素。

色彩点评

- 服装采用灰土色为主色，该色彩饱和度较低，给人一种低调、沉稳的感觉。

- 加以黑色作点缀，为整体服装增添一丝沉稳。

裤脚处的条纹设计，使服装整体设计更加律动。加以黑色凉鞋作点缀，更为整体服装增添了一丝休闲气息。

CMYK: 24,24,31,0　CMYK: 89,87,82,74

推荐色彩搭配

C: 53	C: 6	C: 77	C: 94
M: 67	M: 10	M: 96	M: 92
Y: 55	Y: 20	Y: 1	Y: 80
K: 3	K: 0	K: 0	K: 74

C: 28	C: 16	C: 14	C: 86
M: 76	M: 52	M: 11	M: 100
Y: 100	Y: 60	Y: 10	Y: 60
K: 0	K: 0	K: 0	K: 32

C: 37	C: 28	C: 9	C: 67
M: 37	M: 33	M: 16	M: 76
Y: 68	Y: 34	Y: 39	Y: 100
K: 0	K: 0	K: 0	K: 52

5.6 呢绒面料

色彩调性： 温暖、沉稳、时尚、典雅、庄重。

常用主题色：

CMYK:43,71,86,4　　CMYK:33,63,36,0　　CMYK:37,20,34,0　　CMYK:9,8,24,0　　CMYK:89,51,77,13　　CMYK:74,68,69,31

常用色彩搭配

CMYK: 43,71,86,4
CMYK: 32,0,32,0

CMYK: 33,63,36,0
CMYK: 22,40,76,0

CMYK: 9,8,24,0
CMYK: 33,37,90,0

CMYK: 89,51,77,13
CMYK: 11,38,40,0

浅褐色搭配浅绿灰色，充满复古气息的同时洋溢着成熟、沉稳的视觉感。

灰玫红搭配卡其黄色，邻近色的配色方式给人一种安静、典雅的视觉感受。

米黄色搭配土著黄色，二者搭配给人一种典雅，并富有温暖气息的视觉感受。

铬绿色搭配鲑红色，这种互补色的配色方式给人一种深度、厚实且庄重的视觉感受。

配色速查

温暖	沉稳	典雅	庄重

  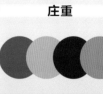

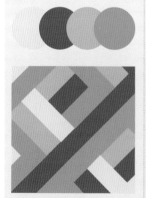   

CMYK: 9,8,24,0
CMYK: 19,85,98,0
CMYK: 4,38,76,0
CMYK: 33,37,90,0

CMYK: 43,71,86,4
CMYK: 57,79,84,34
CMYK: 37,39,52,0
CMYK: 32,20,32,0

CMYK: 33,63,36,0
CMYK: 49,100,75,18
CMYK: 43,86,0,0
CMYK: 22,40,76,0

CMYK: 89,51,77,13
CMYK: 11,38,40,0
CMYK: 60,100,60,25
CMYK: 34,45,98,0

这是一套适合女性日常休闲时穿着的服装。服装以经典格子为主要款式设计，加以粉色调，将整体设计呈现得更加温暖柔情。

短裙的图案搭配能够弥补内衬服饰的单调感，简洁的服装款式设计显得更为优雅大方。

色彩点评

- 服装以粉色为主色，以灰色和黑色作点缀，是柔情和率性的碰撞，能够呈现出更多元的内涵信息。
- 不同大小的格子设计，能够改变服装版型带来的严肃感。

CMYK: 16,44,14,0　CMYK: 5,4,4,0
CMYK: 86,83,81,70　CMYK: 45,38,35,0

推荐色彩搭配

C: 21	C: 10	C: 31	C: 72
M: 77	M: 38	M: 24	M: 74
Y: 31	Y: 40	Y: 23	Y: 100
K: 0	K: 0	K: 0	K: 56

C: 24	C: 2	C: 57	C: 60
M: 20	M: 13	M: 82	M: 54
Y: 73	Y: 12	Y: 73	Y: 100
K: 0	K: 0	K: 28	K: 10

C: 46	C: 10	C: 57	C: 43
M: 0	M: 16	M: 48	M: 39
Y: 76	Y: 0	Y: 45	Y: 100
K: 0	K: 0	K: 0	K: 0

这是一套适合女性日常休闲穿着的服装。呢绒的外搭设计既简单又独具特色，而且富有重量感和层次感，给人以知性、理智的感觉。

搭配一双深蓝色的平底鞋，为整体服装增添一丝充满个性的时尚感。

色彩点评

- 服装以大面积的褐色为主色，充分体现出庄重、内敛的特性。
- 搭配黑、白色内搭作点缀，营造出果敢、智慧的效果。
- 黑、白、灰、褐色是服装设计的经典色。

CMYK: 71,73,77,44　CMYK: 89,86,78,70
CMYK: 0,0,0,0　CMYK: 89,84,47,13

推荐色彩搭配

   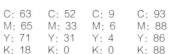 
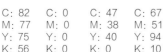

C: 82	C: 0	C: 47	C: 67
M: 77	M: 0	M: 38	M: 51
Y: 75	Y: 0	Y: 40	Y: 94
K: 56	K: 0	K: 0	K: 10

C: 63	C: 52	C: 9	C: 93
M: 65	M: 33	M: 6	M: 88
Y: 71	Y: 31	Y: 4	Y: 86
K: 18	K: 0	K: 0	K: 88

C: 40	C: 43	C: 57	C: 93
M: 29	M: 39	M: 48	M: 88
Y: 27	Y: 100	Y: 45	Y: 89
K: 0	K: 0	K: 0	K: 80

这是一套适合女性日常休闲时的服装。选用大胆的几何形状和颜色对比鲜明的图案设计，极具个性的创意感。

轻便宽松的A字形裙裤和外套，可以使穿着者更加舒适放松，既可以展现活力，又具有自然的视觉效果。

色彩点评

■ 服装以多种暖色调配色而成，塑造出靓丽随性的活跃感。

■ 同样多彩的高跟鞋搭配，使得整体的服装搭配营造出靓丽的风采。

CMYK: 73,67,56,12　CMYK: 10,87,42,0
CMYK: 4,61,49,0　CMYK: 76,20,28,0

推荐色彩搭配

C: 18	C: 79	C: 57	C: 10
M: 67	M: 27	M: 48	M: 23
Y: 0	Y: 34	Y: 45	Y: 82
K: 0	K: 0	K: 0	K: 0

C: 38	C: 6	C: 59	C: 96
M: 83	M: 16	M: 0	M: 75
Y: 35	Y: 68	Y: 27	Y: 54
K: 0	K: 0	K: 0	K: 19

C: 80	C: 18	C: 9	C: 27
M: 19	M: 67	M: 10	M: 61
Y: 100	Y: 0	Y: 31	Y: 96
K: 0	K: 0	K: 0	K: 0

该方案适合女性在日常外出时着装。使用呢绒材料制作服装会给人典雅沉稳的感觉。在服装上设计些许的动物和花朵的图案，可使整体极具东方韵味。

带有个性的纹路设计会给人独特的时尚感，而不同材质的拼接给人以强烈的立体感。也充分展现出高贵、典雅的气质。

色彩点评

■ 整体服装采用褐色为主色，给人典雅、贵重的感觉。

■ 加米黄色作点缀，二者颜色对比明显，突出部分细节。

■ 内搭为深灰色的长裙，更为整体服装增添一丝沉稳气息。

CMYK: 49,57,62,1　CMYK: 52,51,48,0
CMYK: 14,26,35,0　CMYK: 79,76,72,48

推荐色彩搭配

C: 14	C: 65	C: 41	C: 10
M: 23	M: 70	M: 60	M: 28
Y: 36	Y: 95	Y: 94	Y: 71
K: 0	K: 39	K: 1	K: 0

C: 43	C: 41	C: 29	C: 71
M: 47	M: 60	M: 23	M: 82
Y: 69	Y: 94	Y: 22	Y: 100
K: 0	K: 1	K: 0	K: 63

C: 86	C: 41	C: 6	C: 43
M: 81	M: 60	M: 25	M: 47
Y: 90	Y: 94	Y: 74	Y: 69
K: 73	K: 1	K: 0	K: 0

色彩调性： 硬朗、强势、成熟、冷静、张扬。

常用主题色：

CMYK：56,98,75,37　CMYK：19,100,69,0　CMYK：8,36,85,0　CMYK：78,35,10,0　CMYK：67,59,56,6　CMYK：93,88,89,80

常用色彩搭配

CMYK：56,98,75,37
CMYK：92,65,44,4

CMYK：67,59,56,6
CMYK：32,20,32,0

CMYK：78,35,10,0
CMYK：30,38,27,0

CMYK：19,100,69,0
CMYK：8,36,85,0

博朗底酒红色搭配浓蓝色，浓郁的配色方式，给人一种强势、个性的感受。

50%灰色搭配浅绿灰色，灰色调的配色方式，充分展现出成熟、稳重的视觉感受。

石青色搭配深玫红色，冷色调的配色，画面富有冷静、庄重的视觉感。

胭脂红色搭配橙黄色，暖色调的配色。给人一种强烈、张扬的视觉感受。

配色速查

强势	成熟	冷静	张扬

 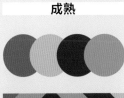    

CMYK：56,98,75,37
CMYK：42,55,94,1
CMYK：92,65,44,4
CMYK：60,36,20,0

CMYK：67,59,56,6
CMYK：32,20,32,0
CMYK：47,100,60,6
CMYK：35,45,54,0

CMYK：78,35,10,0
CMYK：100,100,53,4
CMYK：30,38,27,0
CMYK：84,49,44,0

CMYK：19,100,69,0
CMYK：8,36,85,0
CMYK：8,0,39,0
CMYK：30,55,0,0

该方案适合女性在日常出行时穿着。简单干练的造型搭配相互组合的色彩条纹，给人洒脱的印象。带有光泽的皮革材质，具有强烈的现代感和时尚感。

挂脖短款的剪裁设计，加以具有规律的条纹设计，使整体服装极具形式美感。

色彩点评

- 服装以黑色为主色，给人强烈、严肃的感觉。
- 搭配铬黄色和白色的条纹作点缀，体现出较强的装饰美感。

CMYK: 89,83,86,75　CMYK: 0,0,0,0
CMYK: 15,19,80,0

推荐色彩搭配

C: 84	C: 4	C: 0	C: 11	C: 26	C: 3	C: 26	C: 91	C: 55	C: 0	C: 52	C: 14
M: 80	M: 42	M: 0	M: 66	M: 1	M: 5	M: 32	M: 87	M: 86	M: 0	M: 72	M: 0
Y: 55	Y: 91	Y: 0	Y: 4	Y: 78	Y: 11	Y: 55	Y: 87	Y: 84	Y: 0	Y: 100	Y: 74
K: 24	K: 0	K: 0	K: 0	K: 0	K: 0	K: 0	K: 78	K: 34	K: 0	K: 18	K: 0

该方案适合男性在日常出行时穿着。规矩而舒适的造型，给人休闲、安逸的感觉。没有过度的装饰，强调服装简单、大方的气质。

上身皮革的材质给人以高贵、稳定的感觉。而下身棉麻的材质为整体服装增添了一丝朴实、安稳的视觉效果。

色彩点评

- 服装以重褐色为主色，反映出低调、规范、理性的一面。
- 加以浅米色的裤子和深褐色的鞋子作搭配，给人时尚、沉稳的视觉感。

CMYK: 47,90,100,16　CMYK: 4,5,17,0
CMYK: 65,87,92,59

推荐色彩搭配

　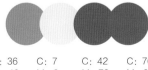　

C: 62	C: 19	C: 52	C: 64	C: 36	C: 7	C: 42	C: 76	C: 65	C: 14	C: 38	C: 41
M: 38	M: 21	M: 72	M: 71	M: 46	M: 6	M: 73	M: 66	M: 70	M: 23	M: 30	M: 60
Y: 22	Y: 41	Y: 100	Y: 52	Y: 100	Y: 13	Y: 100	Y: 43	Y: 95	Y: 36	Y: 29	Y: 94
K: 0	K: 0	K: 18	K: 7	K: 0	K: 0	K: 5	K: 2	K: 39	K: 0	K: 0	K: 1

该服装适合女性在日常出行时穿着。服装采用皮革面料制作而成，整体版型修身简约却又不失大气，热情与高冷并存。

加以金色的高跟鞋搭配，更为整体服装增添了一丝奢华感。加以精致的剪裁设计，给人干练、朝气蓬勃的印象。

色彩点评

■ 服装以鲜红色为主色，该色彩饱和度较高，给人以激情、亢奋的感觉。

■ 加以蓝黑色短款鱼尾裙作点缀，为服装增添了一丝冷静气息。

CMYK: 13,99,81,0   CMYK: 93,85,57,32
CMYK: 18,40,70,0

推荐色彩搭配

C: 40	C: 14	C: 100	C: 41
M: 100	M: 23	M: 99	M: 60
Y: 100	Y: 36	Y: 57	Y: 94
K: 5	K: 0	K: 16	K: 1

C: 58	C: 25	C: 64	C: 90
M: 91	M: 24	M: 25	M: 88
Y: 0	Y: 95	Y: 19	Y: 0
K: 0	K: 0	K: 0	K: 0

C: 19	C: 53	C: 69	C: 66
M: 50	M: 0	M: 53	M: 95
Y: 97	Y: 64	Y: 0	Y: 70
K: 0	K: 0	K: 0	K: 49

该服装适合女性在日常出行时穿着。服装采用皮革作主要材质、亮眼的色彩作主色，加以修身的剪裁设计而成，整体效果青春靓丽，朋克感十足。

高开衩设计别出心裁，使服装整体元素更加丰富多彩。

色彩点评

■ 服装以石青色为主色，驼色为辅色，该色彩明度较高，给人以新鲜、亮丽的感觉。

■ 加以白色的手提包作搭配，为整体造型增添一抹简约、纯粹的外在形象。

CMYK: 76,28,0,0   CMYK: 3,3,5,0
CMYK: 86,67,33,0

推荐色彩搭配

C: 74	C: 0	C: 59	C: 26
M: 16	M: 0	M: 0	M: 95
Y: 18	Y: 0	Y: 9	Y: 21
K: 0	K: 0	K: 0	K: 0

C: 4	C: 70	C: 3	C: 94
M: 42	M: 12	M: 5	M: 73
Y: 91	Y: 4	Y: 11	Y: 35
K: 0	K: 0	K: 0	K: 0

C: 75	C: 57	C: 5	C: 74
M: 52	M: 5	M: 5	M: 11
Y: 0	Y: 94	Y: 47	Y: 47
K: 0	K: 0	K: 0	K: 0

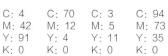

第6章
服装的图案与色彩

图案是服装设计中极具魅力的元素，多元化的图案类型可以传递出不同的个性美和艺术气息。图案的类型很多，主要可分为动物、植物、人物、风景、几何等。

通过学习本章内容能够掌握以下几种知识。

第一：通过预先设计，形成一种特立独行的服饰搭配风格。

第二：通过学习，懂得色彩与服饰之间的关系，并运用在服装图案色彩设计及服饰搭配上。

第三：理解服饰图案所代表的文化和含义，从而进行服装图案的设计。

常用主题色：

CMYK: 28,100,54,0　CMYK: 11,80,92,0　CMYK: 0,46,91,0　CMYK: 6,8,72,0　CMYK: 38,0,82,0　CMYK: 67,14,0,0

常用色彩搭配

CMYK: 28,100,54,0
CMYK: 18,1,59,0

CMYK: 0,46,91,0
CMYK: 67,42,18,0

CMYK: 38,0,82,0
CMYK: 34,27,25,0

CMYK: 67,14,0,0
CMYK: 2,28,65,0

宝石红色搭配浅芥末黄色，暖色调的配色，给人明快、鲜甜的视觉感受。

橙黄色搭配青蓝色，冷暖的配色，形成鲜明的冲击力，会使整体画面更富有层次感。

黄绿色搭配灰色，二者配色洋溢着盛夏气息，体现着时尚又不乏清凉感。

道奇蓝色彩明度较高，搭配柔和的蜂蜜色，给人以迪士尼童话般的梦幻色彩。

配色速查

CMYK: 28,100,54,0
CMYK: 57,25,0,0
CMYK: 0,0,0,0
CMYK: 18,1,59,0

CMYK: 0,46,91,0
CMYK: 3,2,27,0
CMYK: 0,61,12,0
CMYK: 67,42,18,0

CMYK: 38,0,82,0
CMYK: 62,29,80,0
CMYK: 42,50,0,0
CMYK: 34,27,25,0

CMYK: 67,14,0,0
CMYK: 2,28,65,0
CMYK: 51,0,39,0
CMYK: 5,6,22,0

该方案适合女性在日常出席宴会时着装。服装以复古感十足的蕾丝长裙为主线，加以透视的元素，能够更为出色地展现女性肌肤之美，虚实之间，风韵自来。

蕾丝是该透视装的主要面料，它不局限于普通花式纹样，使之更有优雅感，也为整体效果增添耐人寻味的气息。

色彩点评

- 服装以白色蕾丝制作的花纹搭配黑色蕾丝制作的设计，给人一种庄重典雅的视觉感。
- 黑色的鸟儿图腾在柔软蕾丝的映衬下并不是一味地纤弱秀气，而是在柔美之余又充满力量感。

CMYK: 6,5,5,0   CMYK: 93,88,89,80

推荐色彩搭配

C: 93	C: 37	C: 0	C: 29	C: 11	C: 0	C: 31	C: 93	C: 98	C: 34	C: 5	C: 89
M: 88	M: 53	M: 0	M: 22	M: 21	M: 0	M: 24	M: 88	M: 79	M: 27	M: 1	M: 84
Y: 89	Y: 71	Y: 0	Y: 21	Y: 28	Y: 0	Y: 34	Y: 89	Y: 46	Y: 25	Y: 36	Y: 85
K: 80	K: 0	K: 0	K: 0	K: 0	K: 0	K: 0	K: 80	K: 10	K: 0	K: 0	K: 75

该方案适合女性在日常宴会时着装。服装以大胆的色彩组合和剪裁设计来突出穿着者自身的独特风格。

黑色披风和半身裙相融合，再加以展翅远望的仙鹤设计，姿态优美，为整体服装增添了一丝高雅、大方。

色彩点评

- 服装选用黑色作主色，以金色作点缀，充分展现出穿着者奢华、稳重的气质。
- 对比强烈的色彩搭配，充分展现出服装独特的美感。

CMYK: 88,84,84,74 CMYK: 38,53,65,0
CMYK: 4,9,18,0

推荐色彩搭配

C: 31	C: 22	C: 46	C: 93	C: 55	C: 34	C: 28	C: 89	C: 91	C: 16	C: 24	C: 89
M: 84	M: 24	M: 31	M: 88	M: 100	M: 27	M: 50	M: 84	M: 100	M: 1	M: 11	M: 88
Y: 100	Y: 92	Y: 31	Y: 89	Y: 89	Y: 25	Y: 98	Y: 85	Y: 53	Y: 4	Y: 92	Y: 53
K: 1	K: 0	K: 0	K: 80	K: 45	K: 0	K: 0	K: 75	K: 5	K: 0	K: 0	K: 24

该方案适合男性在日常休闲时着装。服装采用了较为经典的植物和动物相结合的印花元素设计而成，并采用立体的印花手法将其呈现出来，时尚与复古相结合，展现出极具轻松又惬意的放松心情。

上身为动，下身为静，动静结合的手法，极具视觉美观感，即高雅又别致。优雅的形象让人过目难忘。

色彩点评

■ 选用清雅的淡蓝色为底色，以各种鲜艳的颜色作点缀，给人轻柔、温和的视觉感。

■ 蓝黑色裤子和白色运动鞋相搭配，为整体服装增添了一种休闲时尚之感。

CMYK: 21,12,11,0　　CMYK: 83,79,57,26
CMYK: 86,42,65,2　　CMYK: 10,80,54,0

推荐色彩搭配

C: 56	C: 3	C: 9	C: 28
M: 71	M: 31	M: 15	M: 1
Y: 0	Y: 87	Y: 30	Y: 7
K: 0	K: 0	K: 0	K: 0

C: 26	C: 31	C: 2	C: 55
M: 95	M: 11	M: 31	M: 0
Y: 60	Y: 17	Y: 72	Y: 75
K: 0	K: 0	K: 0	K: 0

C: 54	C: 28	C: 12	C: 3
M: 9	M: 1	M: 76	M: 31
Y: 44	Y: 7	Y: 68	Y: 87
K: 0	K: 0	K: 0	K: 0

该方案适合女童在出席活动时着装。斗篷式服装加以对称的图案设计，使小女孩充满童趣的同时更具公主气息。

色彩点评

■ 服装以青蓝色为主色，给人以新鲜、亮丽的感觉。

■ 加以红色作辅助，对比色的配色方式，给人一种明快、醒目的感觉。

■ 加以白色和褐色作点缀，为整体服装增添趣味性。

蓝色花纹作底色、白色蕾丝和各种卡通动物相缀，极具繁华精致感。同样设计感的童鞋，整体搭配极具和谐统一的美感。

CMYK: 63,17,15,0　　CMYK: 9,93,74,0
CMYK: 4,7,5,0　　　 CMYK: 43,69,72,3

推荐色彩搭配

C: 8	C: 57	C: 22	C: 3
M: 83	M: 13	M: 14	M: 31
Y: 34	Y: 29	Y: 13	Y: 87
K: 0	K: 0	K: 0	K: 0

C: 93	C: 63	C: 22	C: 18
M: 84	M: 29	M: 14	M: 70
Y: 74	Y: 25	Y: 13	Y: 73
K: 63	K: 0	K: 0	K: 0

C: 20	C: 36	C: 49	C: 94
M: 100	M: 32	M: 18	M: 89
Y: 94	Y: 67	Y: 10	Y: 52
K: 0	K: 0	K: 0	K: 23

该方案适合女性在日常休闲时着装，受众人群年龄倾向于十几至二十岁的年轻女性。长款衬衫搭配平底凉鞋，展现出穿着者清爽、休闲的外在形象。

服装主体图案是以绘画手法设计而成的长颈鹿，用简练的笔触，绘制出活生生的形象来，极具生机感。

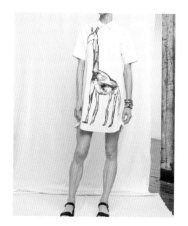

色彩点评

■ 服装以白色为主色，以褐色、绿色等新鲜的颜色作辅助色，极具休闲气息。

■ 简洁的配色，很符合人们日常穿着。

 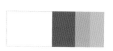

CMYK: 0,0,0,0　　CMYK: 52,68,73,10
CMYK: 46,25,6,0　CMYK: 35,9,70,0

推荐色彩搭配

C: 51	C: 34	C: 12	C: 9	C: 93	C: 0	C: 47	C: 48	C: 61	C: 4	C: 12	C: 62
M: 70	M: 20	M: 31	M: 64	M: 81	M: 0	M: 53	M: 74	M: 32	M: 0	M: 58	M: 65
Y: 78	Y: 4	Y: 87	Y: 73	Y: 0	Y: 0	Y: 100	Y: 0	Y: 17	Y: 32	Y: 95	Y: 91
K: 12	K: 0	K: 0	K: 0	K: 0	K: 0	K: 2	K: 0	K: 0	K: 0	K: 0	K: 25

该方案适合女性在秋冬季节时着装，以大胆的图案组合和灰色调的配色来突出休闲装风格，极具时尚气息。

上身为针织毛衣点缀老虎图案，下身为豹纹加薄纱，质地轻盈舒适，中和了豹纹的生硬感，整体搭配硬朗与妩媚相结合，使整体造型更有成熟魅力。

色彩点评

■ 上衣以灰土色为主色，该色彩饱和度较低，给人一种低调、沉稳的感觉。

■ 下身则是黑灰色组成豹纹长裙，为整体服装增添了一丝性感气息。

CMYK: 24,75,85,0　CMYK: 89,86,84,75
CMYK: 61,25,24,0　CMYK: 16,67,33,0

推荐色彩搭配

C: 44	C: 26	C: 12	C: 87	C: 56	C: 59	C: 13	C: 60	C: 88	C: 37	C: 0	C: 52
M: 44	M: 20	M: 58	M: 82	M: 70	M: 66	M: 26	M: 100	M: 53	M: 29	M: 10	M: 64
Y: 55	Y: 19	Y: 95	Y: 82	Y: 100	Y: 58	Y: 41	Y: 100	Y: 52	Y: 28	Y: 16	Y: 100
K: 0	K: 0	K: 0	K: 71	K: 24	K: 7	K: 0	K: 56	K: 3	K: 0	K: 0	K: 12

该方案适合女性在日常休闲时着装。舒适的袜靴和温柔的毛衣套装搭配的相得益彰，全身都是针织面料的柔软，尽显女人的知性优雅风格。

黑豹图案搭配红蓝条纹，随性休闲范儿十足。中长款竖直条纹针织裙和袜靴相结合，露出些许脚踝更显苗条。

色彩点评

- 服装以红色为主色，加以蓝、白色搭配，协调得恰到好处。
- 再搭配裸色高跟靴，温暖又大气。

CMYK: 43,99,99,10　CMYK: 4,6,5,0
CMYK: 91,74,26,0　CMYK: 92,89,73,65

推荐色彩搭配

C: 51	C: 66	C: 0	C: 70	C: 78	C: 29	C: 19	C: 45	C: 83	C: 40	C: 19	C: 58
M: 100	M: 33	M: 0	M: 76	M: 45	M: 23	M: 15	M: 89	M: 60	M: 36	M: 15	M: 96
Y: 87	Y: 11	Y: 0	Y: 100	Y: 100	Y: 71	Y: 14	Y: 100	Y: 10	Y: 100	Y: 14	Y: 0
K: 31	K: 0	K: 0	K: 57	K: 6	K: 0	K: 0	K: 12	K: 0	K: 0	K: 0	K: 0

该方案适合女性在秋冬季节时着装。深色调的配色加以不同材质的搭配，充分展现出穿着者坚毅、开朗的自身性格。

色彩点评

- 以蓝黑色毛呢为主，加以驼色的皮草作点缀，凸显气场的同时为自身增加了温暖气息。
- 搭配一双黑色镂空高跟鞋以及黑色手提包，为整体搭配增添了一丝稳重与典雅。

采用动物装饰臂膀，能够充分展现出穿着者大气、稳重的气质。长至脚踝的剪裁设计，在秋冬季节为穿着者增加一丝温暖。

CMYK: 86,82,65,46　CMYK: 0,0,0,0
CMYK: 51,58,65,2

推荐色彩搭配

C: 84	C: 13	C: 50	C: 49	C: 53	C: 24	C: 0	C: 47	C: 93	C: 0	C: 48	C: 93
M: 75	M: 10	M: 54	M: 42	M: 93	M: 18	M: 0	M: 56	M: 88	M: 0	M: 69	M: 66
Y: 59	Y: 42	Y: 76	Y: 100	Y: 100	Y: 30	Y: 0	Y: 71	Y: 89	Y: 0	Y: 100	Y: 57
K: 27	K: 0	K: 2	K: 0	K: 38	K: 0	K: 0	K: 1	K: 80	K: 0	K: 10	K: 17

6.2 植物

常用主题色：

CMYK:8,82,42,0　　CMYK:36,33,89,0　　CMYK:0,46,91,0　　CMYK:6,8,72,0　　CMYK:38,0,82,0　　CMYK:57,5,94,0

常用色彩搭配

CMYK: 8,82,44,0
CMYK: 36,33,89,0

浅玫瑰红色搭配土著黄色，暖色调的配色，给人一种甜美、典雅的视觉感。

CMYK: 0,46,91,0
CMYK: 47,2,64,0

橙黄色搭配浅绿色，形成了鲜明的色彩对比，充分展现出活力和生机。

CMYK: 6,8,72,0
CMYK: 4,41,22,0

香蕉黄色搭配火鹤红色，给人一种盛夏的柔和、甜美的视觉感觉。

CMYK: 57,5,94,0
CMYK: 21,7,8,0

苹果绿搭配锦葵紫色，清亮的配色方式，给人一种光鲜、活力的视觉感受。

配色速查

CMYK: 8,82,42,0
CMYK: 36,33,89,0
CMYK: 51,0,39,0
CMYK: 5,6,22,0

CMYK: 0,46,91,0
CMYK: 47,2,64,0
CMYK: 30,96,78,0
CMYK: 81,79,0,0

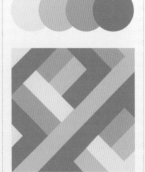

CMYK: 6,8,72,0
CMYK: 4,41,22,0
CMYK: 39,36,46,0
CMYK: 42,57,69,1

CMYK: 57,5,94,0
CMYK: 21,7,8,0
CMYK: 0,75,50,0
CMYK: 4,0,36,0

该服装上身为印有花朵图案的宽松T恤，下身为厚雪纺材质的阔腿裤。整体搭配清新休闲。

上身印花以夸张的手法设计而成，加以宽松的裁剪设计，使穿着者极具舒适、放松。

色彩点评

■ 服装以浅紫色搭配靛青色，二者明暗差异较大，具有独特、神秘的视觉过渡效果。

■ 上身印有黑白相搭配的花朵图案，极具艺术感。

CMYK: 95,95,40,6　CMYK: 10,4,2,0
CMYK: 82,90,81,72　CMYK: 18,20,3,0

推荐色彩搭配

C: 65	C: 31	C: 81	C: 100	C: 38	C: 38	C: 31	C: 100	C: 50	C: 9	C: 24	C: 39
M: 83	M: 44	M: 63	M: 97	M: 87	M: 20	M: 44	M: 100	M: 100	M: 4	M: 36	M: 65
Y: 0	Y: 0	Y: 45	Y: 24	Y: 0	Y: 5	Y: 0	Y: 60	Y: 74	Y: 21	Y: 0	Y: 0
K: 0	K: 0	K: 3	K: 0	K: 0	K: 0	K: 0	K: 21	K: 20	K: 0	K: 0	K: 0

该方案适合女性在出席宴会时着装。采用对称式的刺绣植物为主要图案，加以轻柔的薄纱材质，从而打造出柔美、性感的长款礼服。

色彩点评

■ 整体选用米白色为底色，加以鲜艳的植物色彩进行点缀，既精致又美观。

■ 手臂薄纱透视点缀植物刺绣，为服装增添了一丝性感。

将性感的一字领及柔软薄纱融入了礼服本身，运用了刺绣和手臂透视的细节重新定义了女性礼服。

CMYK: 2,7,9,0　　CMYK: 26,74,93,0
CMYK: 77,66,79,38　CMYK: 76,57,15,0

推荐色彩搭配

C: 31	C: 9	C: 24	C: 93	C: 86	C: 11	C: 10	C: 21	C: 73	C: 28	C: 0	C: 41
M: 84	M: 4	M: 11	M: 88	M: 45	M: 79	M: 10	M: 8	M: 43	M: 1	M: 0	M: 83
Y: 100	Y: 21	Y: 92	Y: 89	Y: 100	Y: 44	Y: 16	Y: 69	Y: 99	Y: 7	Y: 0	Y: 100
K: 1	K: 0	K: 0	K: 80	K: 7	K: 0	K: 0	K: 0	K: 4	K: 0	K: 0	K: 5

该服装适合女性在春秋季
节时着装。修身的剪裁加以大
面积的金色印花设计，充分展
现出高贵、稳重的气息。

服装上的金色印花采用四
方连续的手法布满全身，自然
连缀，形成独特的韵律。

■ 选用蓝灰色为底色，加以金色印
　花点缀满身，极具奢华气息。
■ 搭配同样金色的高跟鞋，更为整
　体服装增添了精致、高贵感。

CMYK: 80,73,63,31　CMYK: 35,39,63,0
CMYK: 49,77,85,15

推荐色彩搭配

C: 58	C: 85	C: 7	C: 41	C: 60	C: 52	C: 68	C: 84	C: 36	C: 9	C: 57	C: 100
M: 55	M: 75	M: 15	M: 83	M: 75	M: 38	M: 65	M: 86	M: 66	M: 0	M: 62	M: 88
Y: 91	Y: 69	Y: 26	Y: 100	Y: 100	Y: 93	Y: 75	Y: 90	Y: 100	Y: 46	Y: 86	Y: 40
K: 9	K: 45	K: 0	K: 5	K: 39	K: 0	K: 25	K: 76	K: 1	K: 0	K: 14	K: 4

该服装适合女性在出席活动
时着装。在中间部位装饰着一
朵玫瑰花加以两行英文字，具
有醒目、集中的特点，充满浪
漫气息。

搭配一款深玫红色的高跟
鞋，外加中长款的剪裁设计，能
够凸显穿着者纤细的小腿，凸显
身材。

色彩点评

■ 服装以白色为主色，大面积的白
　色给人干净、纯洁的视觉感。
■ 上身点缀金色和红色相组合的玫
　瑰与文字，既精致又高贵。

CMYK: 3,4,4,0　　　CMYK: 57,100,78,44
CMYK: 21,33,62,0　CMYK: 48,96,53,3

推荐色彩搭配

C: 67	C: 50	C: 6	C: 44	C: 47	C: 31	C: 0	C: 62	C: 54	C: 46	C: 2	C: 77
M: 77	M: 100	M: 8	M: 54	M: 100	M: 25	M: 0	M: 67	M: 87	M: 48	M: 7	M: 76
Y: 100	Y: 48	Y: 13	Y: 100	Y: 100	Y: 23	Y: 0	Y: 100	Y: 73	Y: 91	Y: 14	Y: 100
K: 53	K: 3	K: 0	K: 1	K: 19	K: 0	K: 0	K: 28	K: 25	K: 1	K: 0	K: 64

该服装适合女性在日常休闲时着装。A字形的连衣裙设计，在袖口处点缀羽毛，使穿着者仙气十足，更显轻盈。

连衣裙以清淡爽洁的雪纺材质制作而成，加上袖口处的羽毛设计，给人舒适飘逸之感。

色彩点评

- 连衣裙以白色为主色，加以些许黑色描边花样作点缀，简洁的设计，纯净感十足。
- 搭配同色系的高跟鞋，整体服装搭配极具和谐统一的美感。

CMYK: 0,0,0,0　　　　CMYK: 78,73,70,42

推荐色彩搭配

C: 46	C: 0	C: 1	C: 77	C: 6	C: 0	C: 0	C: 32	C: 10	C: 2	C: 11	C: 83
M: 0	M: 0	M: 16	M: 76	M: 71	M: 18	M: 0	M: 25	M: 27	M: 3	M: 22	M: 78
Y: 56	Y: 0	Y: 33	Y: 100	Y: 35	Y: 8	Y: 0	Y: 24	Y: 62	Y: 22	Y: 0	Y: 77
K: 0	K: 0	K: 0	K: 64	K: 0	K: 0	K: 0	K: 0	K: 0	K: 0	K: 0	K: 60

该服装适合女性在出席活动时着装。以黑夜作为灵感来源，在裙摆处点缀些许花朵，极具生机、雅致感。

宽松的下摆以及紧致的腰身设计，二者对比明显，能够充分凸显腰身的纤细，大V与无袖设计，更为穿着者增添了一丝性感。

色彩点评

- 长裙以藏蓝色为主色，给人稳重、大方的视觉感。
- 裙摆处的白色、红色和蓝色雏菊设计，营造出生机盎然的春天气息。

CMYK: 81,79,65,42　CMYK: 0,0,0,0
CMYK: 34,99,100,1　CMYK: 70,48,100,8

推荐色彩搭配

   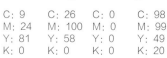 

C: 3	C: 2	C: 74	C: 83	C: 9	C: 26	C: 0	C: 98	C: 2	C: 23	C: 24	C: 89
M: 87	M: 3	M: 28	M: 78	M: 24	M: 100	M: 0	M: 99	M: 74	M: 0	M: 11	M: 88
Y: 15	Y: 22	Y: 80	Y: 77	Y: 81	Y: 58	Y: 0	Y: 49	Y: 11	Y: 12	Y: 92	Y: 53
K: 0	K: 0	K: 0	K: 60	K: 0	K: 0	K: 0	K: 20	K: 0	K: 0	K: 0	K: 24

该服装适合男性在日常休闲时着装。大面积的印花出现在上衣与裤装之上，男性的阳刚与丰富的花纹相得益彰，刚柔并济。

大面积的印花搭配金属纽扣，极具独特的美感。黑色毛领与黑色皮鞋相呼应，整体服装给人以庄重、高雅之感。

色彩点评

■ 选用清雅的绿松石绿色为主色，加以较深的绿色作点缀，休闲又不失男性的阳刚魅力。

■ 搭配黑色的皮鞋，为整体服装增添了稳重之感。

CMYK: 75,11,54,0　CMYK: 83,72,64,33
CMYK: 49,0,20,0　CMYK: 83,44,48,0

推荐色彩搭配

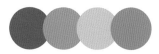

C: 86	C: 60	C: 39	C: 80
M: 49	M: 32	M: 13	M: 29
Y: 100	Y: 62	Y: 24	Y: 48
K: 14	K: 0	K: 0	K: 0

C: 90	C: 36	C: 75	C: 77
M: 60	M: 29	M: 13	M: 45
Y: 56	Y: 27	Y: 49	Y: 81
K: 10	K: 0	K: 0	K: 5

C: 54	C: 75	C: 21	C: 75
M: 9	M: 12	M: 3	M: 77
Y: 44	Y: 36	Y: 12	Y: 20
K: 0	K: 0	K: 0	K: 0

该服装适合女性在日常休闲时着装。上衣采用抽象的植物图案设计而成，既随性又清新。V领、收腰以及小百褶设计，既性感又能遮挡身材上的小缺陷，下身为纯色的阔腿裤，为整体服装增添了沉稳感。

上身紧致、下身宽松，适合上身瘦下身胖的女性穿着，简单的搭配设计，传递出放松、自然的视觉效果。

色彩点评

■ 上衣以白色为底色，加以黑色、黄色、粉色等鲜艳的颜色作点缀，既清爽又自然。

■ 蓝黑色的阔腿裤，适合腿部较粗的女性穿着。

■ 搭配橘色的高跟鞋，明艳感十足。

CMYK: 84,80,65,44　CMYK: 0,0,0,0
CMYK: 9,19,74,0　CMYK: 1,68,0,0

推荐色彩搭配

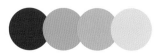

C: 88	C: 59	C: 19	C: 32
M: 93	M: 13	M: 42	M: 3
Y: 43	Y: 83	Y: 0	Y: 12
K: 9	K: 0	K: 0	K: 0

C: 11	C: 46	C: 0	C: 48
M: 1	M: 0	M: 0	M: 92
Y: 58	Y: 25	Y: 0	Y: 33
K: 0	K: 0	K: 0	K: 0

C: 4	C: 55	C: 14	C: 94
M: 18	M: 0	M: 11	M: 75
Y: 69	Y: 44	Y: 11	Y: 51
K: 0	K: 0	K: 0	K: 15

6.3 人物

常用主题色:

CMYK: 11,66,4,0　　CMYK: 4,31,60,0　　CMYK: 16,13,44,0　　CMYK: 42,13,70,0　　CMYK: 37,1,17,0　　CMYK: 33,31,7,0

常用色彩搭配

CMYK: 11,66,4,0　　　CMYK: 4,31,60,0　　　CMYK: 16,12,44,0　　　CMYK: 37,1,17,0
CMYK: 37,1,17,0　　　CMYK: 5,31,0,0　　　CMYK: 5,51,41,0　　　CMYK: 33,31,7,0

优品紫红色搭配瓷青色，给人一种清亮、前卫的视觉感受，充满少女气息。　　蜂蜜色搭配浅优品紫红色，整体搭配给人一种温暖、亲近的视觉感。　　灰菊色搭配鲑红色，纯度较低的配色，给人一种典雅、优美的视觉感。　　瓷青色搭配浅丁香紫色，冷色调的配色方式，给人一种雅致、高贵的感觉。

配色速查

CMYK: 11,66,4,0　　CMYK: 4,31,60,0　　CMYK: 16,13,44,0　　CMYK: 37,1,17,0
CMYK: 37,1,17,0　　CMYK: 17,11,37,0　　CMYK: 5,51,41,0　　CMYK: 33,31,7,0
CMYK: 27,0,70,0　　CMYK: 0,0,0,0　　CMYK: 33,17,0,0　　CMYK: 1,15,33,0
CMYK: 4,0,20,0　　CMYK: 5,31,0,0　　CMYK: 28,0,31,0　　CMYK: 0,67,41,0

该服装适合女性在日常休闲时着装。服装主体没有纷繁复杂的装饰，而卫衣胸前印有抽象的人物图案，营造出独特的美感。搭配修身小脚裤、拼色松糕鞋，既经典又时尚。

毕加索风格的人像图案设计为简洁的服装搭配增添了一丝个性潮流的美感。

色彩点评

■ 整体服装以黑色为主色，营造出简洁舒适的着装效果。

■ 搭配浅橙色调的抽象图案作点缀，极具吸引力。

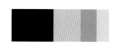

CMYK: 90,86,83,75 CMYK: 0,32,42,0
CMYK: 5,53,55,0 CMYK: 16,10,17,0

推荐色彩搭配

C: 4	C: 14	C: 39	C: 93
M: 18	M: 11	M: 52	M: 88
Y: 69	Y: 11	Y: 41	Y: 89
K: 0	K: 0	K: 0	K: 80

C: 0	C: 9	C: 42	C: 7
M: 53	M: 86	M: 13	M: 48
Y: 63	Y: 69	Y: 82	Y: 83
K: 0	K: 0	K: 0	K: 0

C: 61	C: 15	C: 6	C: 65
M: 32	M: 3	M: 43	M: 0
Y: 17	Y: 73	Y: 75	Y: 90
K: 0	K: 0	K: 0	K: 0

该服装适合女性在日常出行时着装。服装上的人物图案、波点和绒球是较为突出的存在，加以紧身设计以及不同材质的拼接，充分展现了女人的魅力，且具有独特的美感。

紧身裙设计，能够凸显穿着者的好身材，脖子处的绒球设计，以及胸前的人像图案，为整体服装增添了充满个性的美感。

色彩点评

■ 服装以黑色为主色，以孔雀绿色等鲜艳的色彩作点缀，给人以高贵、冷艳、神秘的感觉。

■ 搭配黑色的高跟鞋，使其与上衣相呼应，极具和谐的美感。

CMYK: 90,86,83,75 CMYK: 75,19,56,0
CMYK: 31,34,31,0 CMYK: 7,13,49,0

推荐色彩搭配

C: 78	C: 22	C: 46	C: 93
M: 51	M: 24	M: 31	M: 88
Y: 97	Y: 92	Y: 31	Y: 89
K: 14	K: 0	K: 0	K: 80

C: 80	C: 43	C: 11	C: 15
M: 33	M: 23	M: 79	M: 3
Y: 52	Y: 23	Y: 44	Y: 73
K: 0	K: 0	K: 0	K: 0

C: 72	C: 28	C: 24	C: 87
M: 78	M: 1	M: 11	M: 54
Y: 39	Y: 7	Y: 92	Y: 76
K: 2	K: 0	K: 0	K: 18

该服装适合女性在日常休闲时着装。服装以简约的白色T恤作打底，服装中间以卡通人物作主要图案，既舒适又可爱。

卡通人物的图案元素可以应用于多种材质面料的衣物，能够为服装增添一丝休闲趣味的神韵。

色彩点评

- 服装以白色为底色，以黑色和红色作点缀，体现出青春玩味的不羁风格。
- 三种主要的色彩进行搭配，能够充分展现出穿着者既舒适又活泼的气质。

CMYK: 0,0,0,0　　CMYK: 80,76,71,48
CMYK: 33,100,100,1　CMYK: 3,14,11,0

推荐色彩搭配

C: 93	C: 28	C: 17	C: 44
M: 88	M: 1	M: 97	M: 43
Y: 89	Y: 7	Y: 83	Y: 56
K: 80	K: 0	K: 0	K: 0

C: 100	C: 8	C: 0	C: 34
M: 100	M: 7	M: 0	M: 54
Y: 60	Y: 30	Y: 0	Y: 0
K: 22	K: 0	K: 0	K: 0

C: 93	C: 0	C: 18	C: 26
M: 88	M: 0	M: 87	M: 3
Y: 89	Y: 0	Y: 72	Y: 80
K: 80	K: 0	K: 0	K: 0

该服装适合女性在日常休闲时着装。服装以神话故事为灵感，同时融汇女士的个性、神韵及姿态，充分打造出穿着者的随意与率性。

腰部的抽绳设计，使穿着者能够充分地享受腰身舒适度。

色彩点评

- 服装以紫藤色、孔雀石绿色、金色等色彩搭配而成，给人优雅的视觉感受。
- 加以浅色调的绿和紫色作点缀，为整体服装增添了一丝含蓄、婉约的风韵。

CMYK: 49,78,0,0　　CMYK: 18,31,56,0
CMYK: 80,40,91,2　CMYK: 22,27,1,0

推荐色彩搭配

C: 82	C: 38	C: 18	C: 17
M: 63	M: 67	M: 70	M: 2
Y: 58	Y: 0	Y: 73	Y: 8
K: 14	K: 0	K: 0	K: 0

C: 85	C: 1	C: 22	C: 24
M: 39	M: 51	M: 14	M: 31
Y: 100	Y: 14	Y: 13	Y: 93
K: 2	K: 0	K: 0	K: 0

C: 10	C: 9	C: 89	C: 53
M: 30	M: 63	M: 52	M: 51
Y: 23	Y: 18	Y: 99	Y: 100
K: 0	K: 0	K: 20	K: 4

该服装适合女性在日常休闲时着装。明亮的色彩，以及漫画人物图案设计，既张扬又活跃。

色彩点评

■ 服装选用铬黄色为主色，以红色、绿色和蓝色等鲜艳的颜色作点缀，给人明快、鲜活的视觉感受。

■ 搭配一款色彩鲜明的绿松石绿色的背包、高跟鞋，使整体服装更加清新活跃。

前胸大面积的人物图案中夹杂着英文字母、各色糖豆和小兔子，为服装增添了一丝个性的时尚气息，很受年轻女性欢迎。

CMYK: 8,94,67,0 CMYK: 13,16,87,0
CMYK: 59,3,83,0 CMYK: 58,2,20,0

推荐色彩搭配

C: 65	C: 5	C: 36	C: 6
M: 0	M: 75	M: 0	M: 36
Y: 49	Y: 0	Y: 81	Y: 84
K: 0	K: 0	K: 0	K: 0

C: 12	C: 9	C: 42	C: 77
M: 21	M: 86	M: 13	M: 47
Y: 78	Y: 69	Y: 82	Y: 0
K: 0	K: 0	K: 0	K: 0

C: 52	C: 15	C: 6	C: 65
M: 13	M: 3	M: 43	M: 0
Y: 0	Y: 73	Y: 75	Y: 90
K: 0	K: 0	K: 0	K: 0

该服装适合女性在出席活动时着装。服装以"爱与时尚"为主题设计而成，大面积的玫瑰和西方古典人物油画图案的搭配，营造出既浪漫又温馨的视觉感。

服装中间位置点缀了不同颜色的字母，其上方又带有铆钉和亮钻，繁复的设计手法，展现出穿着者时尚的魅力。

色彩点评

■ 整体选用黑色为底色，以大面积的红色、绿色作点缀，将优美和典雅展现在人们眼前。

■ 搭配金色的手拿包、黑色印有绿色花纹的鞋子，在细节处展现精致感。

CMYK: 83,80,75,60 CMYK: 24,100,83,0
CMYK: 60,35,87,0 CMYK: 17,77,22,0

推荐色彩搭配

C: 57	C: 66	C: 40	C: 15
M: 5	M: 0	M: 100	M: 17
Y: 94	Y: 60	Y: 88	Y: 83
K: 0	K: 0	K: 6	K: 0

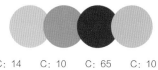

C: 14	C: 10	C: 65	C: 10
M: 23	M: 59	M: 70	M: 28
Y: 36	Y: 25	Y: 95	Y: 71
K: 0	K: 0	K: 39	K: 0

C: 36	C: 20	C: 83	C: 62
M: 33	M: 97	M: 45	M: 56
Y: 89	Y: 95	Y: 100	Y: 81
K: 0	K: 0	K: 7	K: 10

118

该服装适合女性在日常休闲时着装。宽松的款式加以大面积的卡通人像设计，使穿着者既可爱又舒适。

色彩点评

- 服装以米黄色为底色，以褐色作点缀，充分展现出简约又纯粹的视觉感。
- 以小面积的浅橙色和浅灰色作辅助色，为整体服装增添了一种活力气息。

舒适的宽松款式加以卡通人像图案，给人一种脑洞大开的奇特美感。

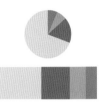

CMYK: 7,16,17,0　CMYK: 40,64,58,0
CMYK: 8,46,41,0　CMYK: 49,50,31,0

推荐色彩搭配

C: 9	C: 7	C: 30	C: 64
M: 29	M: 1	M: 22	M: 80
Y: 54	Y: 28	Y: 1	Y: 35
K: 0	K: 0	K: 0	K: 1

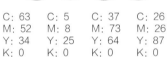

C: 63	C: 5	C: 37	C: 26
M: 52	M: 8	M: 73	M: 26
Y: 34	Y: 25	Y: 64	Y: 87
K: 0	K: 0	K: 0	K: 0

C: 31	C: 11	C: 8	C: 50
M: 35	M: 0	M: 38	M: 41
Y: 72	Y: 41	Y: 44	Y: 39
K: 0	K: 0	K: 0	K: 0

该服装适合女性在日常休闲时着装。服装上身将玛丽莲·梦露作为画面的基本元素，一排排地重复排立。加上手臂上的涂鸦文字设计，充分展现出夸张的波普气息。

色彩点评

- 以洋红色为主色，加以黄色、蓝色等鲜艳的色彩进行搭配，展现出活跃、夸张的气息。
- 搭配一双镶着各色宝石的鞋子，为整体服装增添了高贵感。

动感十足的上身搭配静版的紧身裤设计，动静结合的搭配，产生了别样的美感。

CMYK: 21,97,27,0　CMYK: 7,9,71,0
CMYK: 40,6,7,0　CMYK: 78,75,72,47

推荐色彩搭配

C: 75	C: 0	C: 7	C: 78
M: 13	M: 89	M: 28	M: 51
Y: 76	Y: 63	Y: 72	Y: 0
K: 0	K: 0	K: 0	K: 0

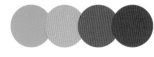

C: 62	C: 2	C: 29	C: 0
M: 0	M: 38	M: 78	M: 95
Y: 99	Y: 84	Y: 0	Y: 41
K: 0	K: 0	K: 0	K: 0

C: 61	C: 0	C: 50	C: 5
M: 2	M: 95	M: 0	M: 20
Y: 100	Y: 94	Y: 5	Y: 88
K: 0	K: 0	K: 0	K: 0

6.4 风景

常用主题色：

CMYK:19,100,100,0 CMYK:0,46,91,0   CMYK:6,8,72,0   CMYK:25,0,90,0   CMYK:42,13,70,0   CMYK:50,13,3,0

常用色彩搭配

CMYK：19,100,100,0
CMYK：13,6,73,0

CMYK：6,8,72,0
CMYK：62,6,66,0

CMYK：0,46,91,0
CMYK：50,13,3,0

CMYK：42,13,70,0
CMYK：4,41,22,0

鲜红色搭配含羞草黄色，暖色调的配色方式，给人热情、明亮的视觉感。

香蕉黄色搭配钴绿色，二者色彩明度较高，充分展现出新鲜、活跃气息。

橙黄色搭配天青色，冷暖色调的配色，体现着热情又不乏清凉之感。

草绿色搭配火鹤红色，充满少女气息的搭配，极具柔和、娇美的视觉效果。

配色速查

CMYK：19,100,100,0
CMYK：51,0,45,0
CMYK：7,2,25,0
CMYK：13,6,73,0

CMYK：6,8,72,0
CMYK：42,44,0,0
CMYK：0,62,18,0
CMYK：62,6,66,0

CMYK：0,46,91,0
CMYK：50,13,3,0
CMYK：4,12,56,0
CMYK：0,89,56,0

CMYK：42,13,70,0
CMYK：4,41,22,0
CMYK：37,0,16,0
CMYK：9,4,49,0

该服装适合女性在度假休闲时着装。精简的剪裁，加以大面积的风景图案，极具清爽、舒适之感。

铺满整个服饰的风景图案，使服饰具有强烈的自然风格，贴身的剪裁设计，能够很好地展现穿着者的姣好身材。

色彩点评

■ 服装以蝴蝶花紫色为主色，以天青色和雪白色作点缀，给人明亮、清澈的视觉感受。

■ 清爽的配色方式很容易使人联想到沙滩和海洋，很适合海边度假穿着。

CMYK: 47,92,22,0 CMYK: 63,8,0,0
CMYK: 5,4,1,0 CMYK: 90,82,63,41

推荐色彩搭配

C: 73	C: 15	C: 0	C: 13	C: 12	C: 42	C: 48	C: 9	C: 42	C: 15	C: 9	C: 45
M: 13	M: 0	M: 0	M: 90	M: 21	M: 13	M: 1	M: 93	M: 10	M: 3	M: 7	M: 5
Y: 21	Y: 66	Y: 0	Y: 0	Y: 78	Y: 82	Y: 4	Y: 92	Y: 1	Y: 73	Y: 7	Y: 87
K: 0	K: 0	K: 0	K: 0	K: 0	K: 0	K: 0	K: 0	K: 0	K: 0	K: 0	K: 0

该服装适合女性在日常休闲时着装。针织短款毛衣，小露腰身，展现好身材。搭配宽松长裤，可以遮挡下身的微胖，整体搭配很适合上身瘦下身胖的女孩穿着，时尚感十足。

色彩点评

■ 服装上身以苔藓绿色为主色，以橙红色、浅灰色作点缀，明度较低的配色，给人以稳重、干练的感觉。

■ 下身以黑色为主色，以红色作点缀，时尚感十足。

铺满风景图案的上衣，搭配纯色的裤装，动静结合的搭配方式，不费力就能成为瞩目的焦点。

CMYK: 86,81,81,68 CMYK: 57,46,79,2
CMYK: 37,91,94,2 CMYK: 19,17,16,0

推荐色彩搭配

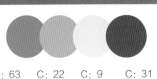  

C: 63	C: 22	C: 9	C: 31	C: 31	C: 73	C: 73	C: 15	C: 93	C: 22	C: 53	C: 47
M: 32	M: 24	M: 7	M: 84	M: 84	M: 34	M: 46	M: 3	M: 88	M: 24	M: 4	M: 84
Y: 91	Y: 92	Y: 7	Y: 100	Y: 100	Y: 71	Y: 40	Y: 73	Y: 89	Y: 92	Y: 49	Y: 100
K: 0	K: 0	K: 0	K: 1	K: 1	K: 0	K: 0	K: 0	K: 80	K: 0	K: 0	K: 16

该服装适合女性在出席活动时着装。整套礼服一扫厚重正式的印象，在礼服上印满大面积的建筑景象，极具现代感。

抹胸加以前短后长的剪裁设计，更能体现性感与柔软之感。蓬松样式，塑造出了整体线条分明的立体造型。

色彩点评

■ 礼服以白色为底色，以淡青灰色的建筑风景作点缀，给人轻柔、温和的视觉感。

■ 浅色调的配色，既柔和又兼具时尚感。

CMYK: 38,25,18,0　CMYK: 0,0,0,0
CMYK: 48,33,28,0

推荐色彩搭配

C: 9	C: 28	C: 0	C: 35	C: 9	C: 31	C: 7	C: 53	C: 42	C: 0	C: 15	C: 53
M: 15	M: 1	M: 0	M: 27	M: 19	M: 11	M: 31	M: 45	M: 13	M: 0	M: 11	M: 45
Y: 30	Y: 7	Y: 0	Y: 26	Y: 9	Y: 17	Y: 22	Y: 27	Y: 33	Y: 0	Y: 11	Y: 27
K: 0	K: 0	K: 0	K: 0	K: 0	K: 0	K: 0	K: 0	K: 0	K: 0	K: 0	K: 0

该服装适合女性在日常休闲时着装。铺满整个服饰的风景图案，突出了服饰的自然风格。X形的设计突出女性体型自然美感的特点，富于变化，充满活力。窈窕、优美。

两种场景的结合，完美地与整件时装相融合，让人们在欣赏图案创意的同时也享受到观景的乐趣。

色彩点评

■ 连衣裙上身是以红色为主的山水风景图，在朦胧与鲜艳的对冲之下，层次与轮廓得以凸显。

■ 下身为桥梁图案，加以浅色的点缀，反而烘托了廓型的干净与简洁。

CMYK: 86,81,80,67　CMYK: 25,92,73,0
CMYK: 0,0,0,0　　　CMYK: 52,18,17,0

推荐色彩搭配

C: 38	C: 39	C: 15	C: 18	C: 93	C: 63	C: 0	C: 40	C: 89	C: 24	C: 10	C: 56
M: 69	M: 75	M: 11	M: 70	M: 84	M: 29	M: 0	M: 100	M: 56	M: 28	M: 30	M: 80
Y: 50	Y: 64	Y: 11	Y: 73	Y: 74	Y: 25	Y: 0	Y: 100	Y: 63	Y: 84	Y: 23	Y: 70
K: 0	K: 1	K: 0	K: 0	K: 63	K: 0	K: 0	K: 6	K: 12	K: 0	K: 0	K: 21

该服装适合男性在日常休闲时着装。上身为针织短袖毛衣搭配柔软质地的长裤，充分展现出既舒适又时尚的视觉效果。

采用充满油画效果的风景图铺满整个上衣，给人最直观的视觉感，使人眼前一亮。

色彩点评

■ 上衣选用深天青色为主色，以卡其黄和深橘色作点缀，对比色的配色，别具一格，富有层次感。

■ 搭配黑色的长裤、皮鞋，黑色具有多变又百搭的特性，极具高雅感。

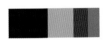

CMYK: 83,83,73,62　CMYK: 48,30,10,0
CMYK: 42,91,100,9　CMYK: 52,56,93,5

推荐色彩搭配

C: 79	C: 51	C: 33	C: 81	C: 69	C: 36	C: 16	C: 38	C: 99	C: 53	C: 37	C: 12
M: 87	M: 39	M: 79	M: 38	M: 79	M: 28	M: 79	M: 9	M: 100	M: 47	M: 75	M: 53
Y: 65	Y: 18	Y: 70	Y: 28	Y: 47	Y: 46	Y: 69	Y: 13	Y: 59	Y: 100	Y: 0	Y: 57
K: 47	K: 0	K: 0	K: 0	K: 7	K: 0	K: 0	K: 0	K: 17	K: 2	K: 0	K: 0

该服装适合女性在日常休闲时着装。铺满风景图案的外套、短裙，搭配简单半袖，层次分明，玩转复古风。将外套随意地搭在身上，加点随性，帮助上半身尽显苗条且优雅范十足。

三件套的服装设计，可以将外衣穿在身上或系在腰间，给人一种随时随地动起来的视觉感。

色彩点评

■ 该服装选用米色和咖啡色以及柔和的淡橘色三色进行色彩调和，整体服装配色饱和度较低，给人舒适柔和的视觉感受。

■ 搭配咖啡色的长靴，精致的花纹点缀，极具复古感。

CMYK: 16,23,34,0　CMYK: 64,72,78,35
CMYK: 31,41,73,0　CMYK: 16,67,56,0

推荐色彩搭配

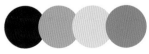

C: 62	C: 63	C: 24	C: 12	C: 53	C: 41	C: 0	C: 64	C: 89	C: 28	C: 25	C: 34
M: 80	M: 51	M: 34	M: 53	M: 100	M: 28	M: 23	M: 43	M: 49	M: 19	M: 42	M: 68
Y: 71	Y: 100	Y: 42	Y: 57	Y: 100	Y: 83	Y: 32	Y: 14	Y: 90	Y: 52	Y: 56	Y: 13
K: 34	K: 8	K: 0	K: 0	K: 42	K: 0	K: 0	K: 0	K: 13	K: 0	K: 0	K: 0

该服装适合男性在日常休闲时着装。服装以"地中海假期"为灵感，将海浪、风帆等充满地中海风情的元素化作印花，打造清爽舒适的穿着感。

清爽的海景图案设计，唤醒人们心底对于自由的向往，宛如一次夏日航海之旅即将起航，假日气息迎面而来。

- ■ 将经典的蓝、白色相搭配，再与象征着初夏的绚丽色彩融合，构成独具特色的时尚元素。
- ■ 别具一格的花纹设计避免了单调的同时又增加了穿搭层次。

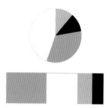

CMYK: 73,14,24,0　　CMYK: 0,0,0,0
CMYK: 10,34,49,0　　CMYK: 96,92,72,65

推荐色彩搭配

C: 73	C: 17	C: 0	C: 97
M: 14	M: 6	M: 0	M: 79
Y: 24	Y: 71	Y: 0	Y: 51
K: 0	K: 0	K: 0	K: 17

C: 51	C: 3	C: 1	C: 90
M: 0	M: 25	M: 36	M: 52
Y: 19	Y: 69	Y: 18	Y: 100
K: 0	K: 0	K: 0	K: 21

C: 45	C: 8	C: 5	C: 63
M: 0	M: 13	M: 19	M: 4
Y: 78	Y: 29	Y: 69	Y: 27
K: 0	K: 0	K: 0	K: 0

该服装适合女性在出席活动时着装。整体礼服以抽象的海景图案设计而成，加上简单的配色，充分展现出清爽、明快的视觉效果。

收紧的收腰和A字形下摆，能够体现出穿着者的高贵与性感。外加夸张的风景图案设计，既个性又时尚。

色彩点评

- ■ 礼服以蓝色为主色，搭配白色作点缀，明度较高的配色，极具视觉冲击力。
- ■ 将海景以抽象的手法设计而成，极具独特的美感。

CMYK: 94,82,0,0　　CMYK: 0,0,0,0

推荐色彩搭配

C: 89	C: 16	C: 0	C: 45
M: 68	M: 0	M: 0	M: 34
Y: 0	Y: 69	Y: 0	Y: 8
K: 0	K: 0	K: 0	K: 0

C: 60	C: 4	C: 1	C: 24
M: 35	M: 18	M: 19	M: 57
Y: 0	Y: 69	Y: 9	Y: 0
K: 0	K: 0	K: 0	K: 0

C: 54	C: 0	C: 16	C: 80
M: 61	M: 0	M: 0	M: 64
Y: 0	Y: 0	Y: 6	Y: 0
K: 0	K: 0	K: 0	K: 0

6.5 几何

常用主题色：

CMYK: 4,41,22,0　　CMYK: 6,56,94,0　　CMYK: 15,17,83,0　　CMYK: 9,4,6,0　　CMYK: 57,5,94,0　　CMYK: 37,53,71,0

常用色彩搭配

CMYK: 4,41,22,0
CMYK: 44,0,15,0

CMYK: 6,56,94,0
CMYK: 71,15,52,0

CMYK: 9,4,6,0
CMYK: 15,17,83,0

CMYK: 57,5,94,0
CMYK: 37,53,71,0

火鹤红色搭配浅青色，明度较高的配色，展现出既柔美又清爽的气质。

阳橙色搭配绿松石绿色，二者形成鲜明的冲击力，富有温暖的清丽感。

爱丽丝蓝色搭配含羞草黄色，整体搭配体现着热情又不乏清凉舒适。

苹果绿色搭配驼色，二者搭配展现出生机感的同时又具有典雅气质。

配色速查

CMYK: 4,41,22,0
CMYK: 44,0,15,0
CMYK: 0,65,57,0
CMYK: 9,5,49,0

CMYK: 6,56,94,0
CMYK: 71,15,52,0
CMYK: 7,0,47,0
CMYK: 6,14,16,0

CMYK: 9,4,6,0
CMYK: 15,17,83,0
CMYK: 42,20,0,0
CMYK: 13,36,0,0

CMYK: 57,5,94,0
CMYK: 37,53,71,0
CMYK: 4,10,45,0
CMYK: 21,34,0,0

该服装适合女性在出席活动时着装。服装整体形态设计成类似含苞欲放的花朵，加以经典的波点元素作点缀，可以为穿着者增添几分优雅的古典气质。

波点元素，能够充分衬托出女性的柔和与妩媚，加以雪纺材质，能够使穿着者体现出轻盈与典雅的气质。

色彩点评

■ 服装以象牙白色为主色，以黑色作点缀，给人一种柔和的优雅感受。

■ 黑色宽腰带作点缀，高腰的设计，能够充分拉长比例，更凸显修长曲线。

CMYK: 7,8,12,0　　CMYK: 82,84,76,64

推荐色彩搭配

    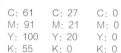 

C: 65	C: 0	C: 13	C: 23	C: 61	C: 27	C: 0	C: 47	C: 36	C: 9	C: 23	C: 76
M: 72	M: 0	M: 16	M: 38	M: 91	M: 21	M: 0	M: 47	M: 31	M: 7	M: 16	M: 71
Y: 73	Y: 0	Y: 22	Y: 79	Y: 100	Y: 20	Y: 0	Y: 70	Y: 78	Y: 7	Y: 35	Y: 70
K: 32	K: 0	K: 0	K: 0	K: 55	K: 0	K: 0	K: 0	K: 0	K: 0	K: 0	K: 36

该服装适合女性在日常休闲时着装，长裙以不同色彩的针织面料拼接而成，加以修身的剪裁设计，能够充分展现出穿着者的完美身材。

不规则的几何形状相拼接，加以修身的针织材质，非常适合身材姣好的女性着装。

色彩点评

■ 整体选用浅灰色、浅米色、浅青瓷绿色以及浅卡其黄色等灰色调的色彩进行搭配，充分展现出穿着者低调的时尚感。

■ 搭配黑色的短靴，能够为整体服装增添一丝稳重感。

 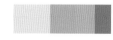

CMYK: 13,13,16,0　　CMYK: 35,33,30,0
CMYK: 23,33,60,0　　CMYK: 67,47,58,1

推荐色彩搭配

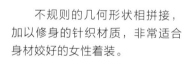  

C: 36	C: 23	C: 43	C: 76	C: 35	C: 22	C: 26	C: 27	C: 68	C: 35	C: 42	C: 74
M: 31	M: 16	M: 14	M: 71	M: 47	M: 37	M: 18	M: 20	M: 52	M: 55	M: 30	M: 42
Y: 78	Y: 35	Y: 56	Y: 70	Y: 74	Y: 12	Y: 35	Y: 20	Y: 25	Y: 55	Y: 70	Y: 69
K: 0	K: 0	K: 0	K: 36	K: 0	K: 0	K: 0	K: 0	K: 0	K: 0	K: 0	K: 1

该服装适合女性在出行逛街时着装。服装以黑色纯棉衬衣和不规则下摆的格子短裙搭配而成，充分展现出简约的时尚感。而亮面短靴更为整体造型增添了一抹亮色。

整体的服装搭配简洁轻快，非常适合携带小容量的包饰，以衬托整体的轻盈之美。

色彩点评

■ 服装整体以黑色、红色、白色三色组合而成，既简约又时尚。

■ 搭配深色的链条肩包以及三色杠中筒袜，展现出浓郁的英伦风格。

CMYK: 89,84,85,75　CMYK: 0,0,0,0
CMYK: 1,93,69,0

推荐色彩搭配

C: 93	C: 0	C: 16	C: 77
M: 88	M: 0	M: 99	M: 61
Y: 89	Y: 0	Y: 81	Y: 41
K: 80	K: 0	K: 0	K: 1

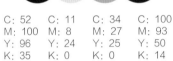

C: 52	C: 11	C: 34	C: 100
M: 100	M: 8	M: 27	M: 93
Y: 96	Y: 24	Y: 25	Y: 50
K: 35	K: 0	K: 0	K: 14

C: 58	C: 16	C: 15	C: 93
M: 66	M: 21	M: 89	M: 88
Y: 100	Y: 26	Y: 75	Y: 89
K: 23	K: 0	K: 0	K: 80

该服装适合女性在日常休闲时着装。服装以撞色的菱形元素设计而成，充分展现出穿着者独特的美感。

色彩点评

■ 以黑黄粉色为主要色彩进行搭配，撞色设计，极具吸睛效果。

■ 明快的配色方式，通常能够为穿着者增添活力感。

同样亮丽的三色项链搭配，使整体搭配更偏向于街头类型的摩登范儿。

CMYK: 79,66,43,3　CMYK: 19,63,40,0
CMYK: 8,14,10,0

推荐色彩搭配

C: 28	C: 100	C: 14	C: 89
M: 21	M: 93	M: 14	M: 52
Y: 94	Y: 31	Y: 34	Y: 100
K: 0	K: 0	K: 0	K: 20

C: 24	C: 29	C: 96	C: 68
M: 98	M: 25	M: 80	M: 38
Y: 31	Y: 90	Y: 29	Y: 60
K: 0	K: 0	K: 1	K: 0

C: 26	C: 26	C: 82	C: 93
M: 42	M: 92	M: 54	M: 88
Y: 97	Y: 12	Y: 1	Y: 89
K: 0	K: 0	K: 0	K: 80

该服装适合女性在日常休闲时着装。整体服装以条纹元素设计而成，给人简洁、理性、规律的视觉感。

搭配同样的条纹手提包，使整体搭配极具和谐统一的美感。

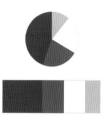

色彩点评

- 服装以红白蓝色三色组成，充分展现出规律的形式美感。
- 搭配一双肉色的短靴，可以巧妙地拉伸穿着者修长的腿部线条。

CMYK: 28,96,85,0　CMYK: 83,67,29,0
CMYK: 0,0,0,0　CMYK: 13,32,35,0

推荐色彩搭配

| C:83 M:67 Y:29 K:0 | C:16 M:21 Y:24 K:0 | C:83 M:67 Y:29 K:0 | C:93 M:88 Y:89 K:80 | C:83 M:67 Y:29 K:0 | C:16 M:21 Y:24 K:0 | C:83 M:67 Y:29 K:0 | C:16 M:21 Y:24 K:0 | C:83 M:67 Y:29 K:0 | C:16 M:21 Y:24 K:0 | C:83 M:67 Y:29 K:0 | C:16 M:21 Y:24 K:0 |

该服装适合女性在日常出行时着装。服装以铺满不规则图形的大衣搭配白色衬衣以及黑色皮裙而成，不同材质的搭配，充分展现出沉稳大气的视觉效果。

不规则的几何形状设计，充满律动感。同样，黑白色相搭配的手提包设计，使整体服装更具和谐的美感。

色彩点评

- 整体选用黑色为主色，以红色、白色和灰色作点缀，简单的配色，体现干练的气质。
- 搭配一款黑白相间的长靴，起到修饰腿部线条的作用。

CMYK: 24,75,85,0　CMYK: 89,86,84,75
CMYK: 61,25,24,0　CMYK: 16,67,33,0

推荐色彩搭配

| C:93 M:88 Y:89 K:80 | C:84 M:62 Y:0 K:0 | C:0 M:0 Y:0 K:0 | C:52 M:100 Y:100 K:37 | C:95 M:72 Y:42 K:4 | C:43 M:34 Y:32 K:0 | C:46 M:100 Y:100 K:18 | C:76 M:66 Y:100 K:46 | C:100 M:100 Y:52 K:3 | C:74 M:67 Y:64 K:23 | C:81 M:28 Y:56 K:0 | C:67 M:52 Y:100 K:11 |

该服装适合女性在日常休闲时着装。整体服装以对称的不规则几何图案元素设计而成，给人灵动的活泼感。

在应用对称式的手法设计不规则的图案时，要注意节奏与比例、秩序与变化的主次关系。

色彩点评

■ 服装以褐色为主色，搭配米色和白色作点缀，充分展现出规律的层次美感。

■ 邻近色的配色方式，会让整体服装获得协调统一的效果。

 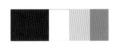

CMYK: 69,76,79,48　CMYK: 0,0,0,0
CMYK: 4,19,36,0　　CMYK: 59,43,41,0

推荐色彩搭配

C: 44	C: 24	C: 3	C: 86	C: 63	C: 49	C: 24	C: 77	C: 44	C: 18	C: 72	C: 93
M: 97	M: 32	M: 0	M: 51	M: 82	M: 73	M: 37	M: 44	M: 63	M: 34	M: 12	M: 67
Y: 56	Y: 52	Y: 21	Y: 98	Y: 100	Y: 97	Y: 42	Y: 100	Y: 100	Y: 55	Y: 25	Y: 62
K: 2	K: 0	K: 0	K: 16	K: 53	K: 13	K: 0	K: 5	K: 4	K: 0	K: 0	K: 25

该服装适合女性在日常运动时着装。整体服装以条纹和波点两大元素制作而成，在传统的基础上增添了创新感，且极具时尚气息。

色彩点评

■ 服装以天蓝色、橙色、白色和粉色相互搭配制作而成，给人一种清爽的活跃感。

■ 明亮的配色，极具吸引力，也能够使穿着者在运动时展现活跃感。

高领外套的设计加以内搭短裙，既能展现穿着者俏皮可爱的一面，又能展现穿着者阳光率性的一面。

CMYK: 79,66,43,3　CMYK: 0,0,0,0
CMYK: 19,63,40,0　CMYK: 8,14,10,0

推荐色彩搭配

  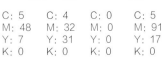  

C: 5	C: 4	C: 0	C: 5	C: 25	C: 57	C: 5	C: 15	C: 4	C: 6	C: 8	C: 62
M: 48	M: 32	M: 0	M: 91	M: 0	M: 5	M: 5	M: 17	M: 34	M: 8	M: 82	M: 29
Y: 7	Y: 31	Y: 0	Y: 17	Y: 8	Y: 94	Y: 47	Y: 83	Y: 65	Y: 72	Y: 44	Y: 80
K: 0	K: 0	K: 0	K: 0	K: 0	K: 0	K: 0	K: 0	K: 0	K: 0	K: 0	K: 0

第7章

服装潮流元素
搭配

服装配饰通常指除了服装主体外，为更好地衬托主体、丰富细节的配饰物品。由于服装风格种类繁多，风格迥异，因此服装配饰就需要根据服装本身而搭配设计。通常除衣服主体上衣、裤子、裙子，其他都可称之为服装配饰。服装配饰主要包括鞋、帽、包、围巾、首饰等。

服饰配饰，是服装搭配必不可少的细节搭配。服装与饰品完美结合，才算是完整的服装搭配设计。

通过现代文化的交融与发展，创造出了新时代的时尚元素，将时尚元素与传统服装饰品进行时空的碰撞，会使服装整体造型获得意想不到的视觉效果。

常用主题色：

 CMYK: 30,65,39,0　　 CMYK: 5,51,41,0　　 CMYK: 14,23,36,0　　CMYK: 0,0,0,0　　 CMYK: 56,13,47,0　　 CMYK: 93,88,89,80

常用色彩搭配

CMYK: 30,65,39,0
CMYK: 37,53,71,0

灰玫红色搭配驼色，明度较低的配色，在低调中展现出复古与典雅的视觉效果。

CMYK: 14,23,36,0
CMYK: 40,50,96,0

米色搭配卡其黄色，邻近色的配色方式，给人舒适的柔和、雅致气息。

CMYK: 0,0,0,0
CMYK: 93,88,89,80

白色搭配黑色，是很经典且永不过时的搭配形式，给人既简洁又庄严的感受。

CMYK: 56,13,47,0
CMYK: 59,84,100,48

青瓷绿色搭配巧克力色，互补色的配色，给人以典雅、高贵的感觉。

配色速查

CMYK: 30,65,39,0
CMYK: 14,11,11,0
CMYK: 37,53,71,0

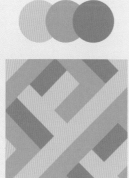

CMYK: 14,23,36,0
CMYK: 5,51,41,0
CMYK: 40,50,96,0

CMYK: 93,88,89,80
CMYK: 13,39,8,0
CMYK: 0,0,0,0

CMYK: 56,13,47,0
CMYK: 59,84,100,48
CMYK: 0,39,42,0

这是一款运动鞋设计图案。拼接的材质和配色，体现了经典的运动风格，还提升了运动的观瞻性、娱乐性，同时也体现出运动本身活泼、动感和明快的特色。

不同的材质和巧妙的配色拼接，非常适合穿着者在进行各种运动时穿着，极具舒适感。

色彩点评

- 运动鞋以蓝色为主色，以灰色和浅黄色作点缀，明度较低的配色，展现出饱满的运动气息。
- 搭配深色调的服装，可以使人们的注意力放在鞋子上，极具宣传效果。

CMYK: 90,64,7,0　　CMYK: 36,28,34,0
CMYK: 12,9,5,0　　CMYK: 16,12,40,0

推荐色彩搭配

C: 77	C: 22		C: 32	C: 12	C: 65		C: 16	C: 15	C: 70
M: 17	M: 61		M: 29	M: 9	M: 30		M: 62	M: 31	M: 64
Y: 56	Y: 36		Y: 82	Y: 9	Y: 36		Y: 59	Y: 3	Y: 0
K: 0	K: 0		K: 0	K: 0	K: 0		K: 0	K: 0	K: 0

这是一款长靴设计图案。长靴采用经典的黑白色调搭配而成，能够轻松展现细腿效果。这是小腿较粗的女性最佳的选择。

尖头的长靴设计，再搭配一件竖条纹的套装，整体搭配既时尚又干练。

色彩点评

- 长靴以黑色为底色，以白色刺绣图案作点缀，在稳重中展现出精致感。
- 简洁的造型设计与整体服装搭配极相称，展现出干练的白领形象。

CMYK: 95,83,76,65　CMYK: 0,0,0,0

推荐色彩搭配

C: 100	C: 2		C: 87	C: 5	C: 44		C: 47	C: 0	C: 76
M: 97	M: 15		M: 100	M: 11	M: 46		M: 100	M: 0	M: 18
Y: 36	Y: 0		Y: 18	Y: 29	Y: 100		Y: 99	Y: 0	Y: 40
K: 0	K: 0		K: 0	K: 0	K: 0		K: 20	K: 0	K: 0

这是一款休闲鞋设计图案。时尚秀气的版型设计加以个性金属装饰的点缀，充分展现出英伦风简约舒适的特点。

圆形的鞋头设计，给脚趾足够的空间，加上平底设计，使穿着者既舒适又不失个性。

色彩点评

- 鞋子以象牙白色为主色，以金属作点缀，给人舒适的穿着体验。
- 搭配米色的服装，整体搭配给人极强的时尚气息。

CMYK: 8,11,18,0   CMYK: 18,38,54,0

推荐色彩搭配

C: 30	C: 18
M: 55	M: 0
Y: 81	Y: 37
K: 0	K: 0

C: 5	C: 2	C: 27
M: 13	M: 42	M: 33
Y: 19	Y: 49	Y: 52
K: 0	K: 0	K: 0

C: 15	C: 9	C: 41
M: 72	M: 20	M: 53
Y: 37	Y: 22	Y: 87
K: 0	K: 0	K: 1

这是一款商务鞋设计图案。该皮鞋采用擦色手法设计表面，看似朴实，却富含气质，体现出一种优雅随性，英伦范十足。

棕色的皮鞋搭配蓝色调的西装，既有沉稳的内涵，又兼具儒雅的品性，令时尚格调尽情彰显。

色彩点评

- 皮鞋以棕色为主色，以深棕色作点缀，低调中展现惬意闲适的生活格调。
- 同样棕色的手提包，与皮鞋之间形成和谐的视觉效果。

CMYK: 40,70,87,2   CMYK: 55,79,92,30

推荐色彩搭配

C: 93	C: 47
M: 88	M: 38
Y: 89	Y: 36
K: 80	K: 0

C: 56	C: 28	C: 21
M: 100	M: 51	M: 24
Y: 55	Y: 88	Y: 37
K: 11	K: 0	K: 0

C: 52	C: 34	C: 53
M: 70	M: 42	M: 93
Y: 100	Y: 64	Y: 100
K: 17	K: 0	K: 35

7.2 帽

常用主题色：

CMYK:19,100,69,0　CMYK:14,41,60,0　　CMYK:2,11,35,0　CMYK:89,51,77,13　CMYK:84,48,11,0　　CMYK:46,100,26,0

常用色彩搭配

CMYK：19,100,69,0
CMYK：24,22,82,0

胭脂红色搭配浅土著黄色，暖色调的配色方式，容易提升观者的兴奋度。

CMYK：14,41,60,0
CMYK：44,4,56,0

杏黄色搭配草绿色邻近色的配色方式，整体搭配跳跃但不失知性。

CMYK：89,51,77,13
CMYK：12,0,28,0

铬绿色搭配浅米色，极具层次的配色方式，营造出颇具新意的视觉感。

CMYK：46,100,26,0
CMYK：96,85,22,0

蝴蝶花紫色搭配宝石蓝色，二者色彩饱和度较高，给人典雅、高贵的感觉。

配色速查

CMYK：19,100,69,0
CMYK：4,4,21,0
CMYK：24,22,82,0

CMYK：14,41,60,0
CMYK：33,0,13,0
CMYK：44,4,56,0

CMYK：89,51,77,13
CMYK：12,0,28,0
CMYK：50,21,14,0

CMYK：46,100,26,0
CMYK：17,13,18,0
CMYK：96,85,22,0

这是一款大檐帽设计图案。宽大的帽檐可以起到很好的遮阳作用。小花朵元素加入大檐帽中，越来越受到夏日里爱美女性的青睐。

因为大檐帽的体积比较大，所以搭配大沿帽一般都是裙子，或者是宽松的衣服，可以更好地体现人的层次感。

色彩点评

■ 以粉色为主色，搭配浅黄色小花朵作点缀，充满浪漫、柔美的气息。

■ 粉色调的配色，给人一种清雅、甜蜜之感。

CMYK: 10,31,20,0　　CMYK: 13,9,17,0

推荐色彩搭配

C: 9	C: 20
M: 33	M: 0
Y: 64	Y: 53
K: 0	K: 0

C: 6	C: 1	C: 0
M: 74	M: 3	M: 41
Y: 14	Y: 15	Y: 36
K: 0	K: 0	K: 0

C: 17	C: 51	C: 5
M: 42	M: 12	M: 23
Y: 0	Y: 62	Y: 0
K: 0	K: 0	K: 0

这是一款鸭舌帽设计图案。在帽子上印满卡通元素作装饰，极具童趣感，十分适合儿童佩戴。

活跃的卡通图案设计，非常适合儿童佩戴，再搭配运动风格的服装，可以更好地展现孩子的童趣。

色彩点评

■ 以蓝色为主色，以橙色、黄色以及绿色作点缀，鲜明的配色，给人明快、活跃之感。

■ 各种鲜明的颜色相搭配，给人一种很舒服的过渡感。

CMYK: 85,60,9,0　　CMYK: 7,86,97,0
CMYK: 9,30,77,0　　CMYK: 60,10,56,0

推荐色彩搭配

C: 94	C: 2
M: 93	M: 39
Y: 4	Y: 77
K: 0	K: 0

C: 88	C: 67	C: 12
M: 100	M: 8	M: 69
Y: 43	Y: 59	Y: 0
K: 1	K: 0	K: 0

C: 7	C: 10	C: 85
M: 95	M: 2	M: 51
Y: 87	Y: 47	Y: 10
K: 0	K: 0	K: 0

这是一款贝雷帽设计图案。帽子以英伦范儿的格子元素设计而成，加以明亮的配色，是点亮沉闷配搭最重要的一笔。

英伦范儿的贝雷帽，在衣服的配搭上，可以选择同风格的服装，当然也可以尝试浓烈的撞色风格。

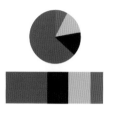

色彩点评

■ 帽子以红色为主色，以黑色、绿色以及黄色作点缀，是经典的英伦配色。

■ 英伦范儿的配色，给人优雅、复古的视觉感。

CMYK: 21,97,89,0　CMYK: 87,78,76,60
CMYK: 21,29,78,0　CMYK: 88,76,8,0

推荐色彩搭配

C: 99	C: 27
M: 85	M: 100
Y: 0	Y: 100
K: 0	K: 0

C: 86	C: 22	C: 42
M: 59	M: 91	M: 4
Y: 12	Y: 69	Y: 73
K: 0	K: 0	K: 0

C: 69	C: 15	C: 10
M: 7	M: 25	M: 93
Y: 78	Y: 66	Y: 59
K: 0	K: 0	K: 0

这是一款礼帽设计图案。帽子以呢绒材质制作而成，以羽毛元素作装饰，红色和绿色的配色，充分展现出亮眼的绅士形象。

出席一些正式场合，除了领带领结可以增加优雅指数外，搭配一款不凡的礼帽也是一个非常独特而聪明的选择。

色彩点评

■ 以铬绿色为主色，以鲜红色作点缀，互补色的配色，对人的视觉具有较强的吸引力。

■ 再加以驼色作辅助色，为礼帽增添了一丝复古与典雅。

CMYK: 85,54,71,14　CMYK: 18,96,92,0
CMYK: 45,60,64,0

推荐色彩搭配

C: 81	C: 24
M: 54	M: 38
Y: 94	Y: 52
K: 20	K: 0

C: 96	C: 28	C: 56
M: 74	M: 51	M: 100
Y: 38	Y: 88	Y: 55
K: 2	K: 0	K: 11

C: 61	C: 4	C: 83
M: 24	M: 78	M: 58
Y: 90	Y: 85	Y: 47
K: 0	K: 0	K: 2

常用主题色：

CMYK: 29,92,76,1　　CMYK: 8,60,24,0　　CMYK: 14,18,79,0　　CMYK: 14,0,6,0　　CMYK: 64,38,0,0　　CMYK: 63,77,8,0

常用色彩搭配

CMYK: 29,92,76,1
CMYK: 96,85,22,0

CMYK: 8,60,24,0
CMYK: 14,18,79,0

CMYK: 64,38,0,0
CMYK: 21,16,15,0

CMYK: 63,77,8,0
CMYK: 32,6,7,0

深红色搭配深蓝色，对比色的搭配，充分展现出知性、稳重的视觉效果。

浅玫瑰红色搭配含羞草黄色，马卡龙色系的配色，给人一种清新、浪漫的感觉。

矢车菊蓝色搭配灰色，冷色调的配色方式，给人一种独特的朦胧质感。

木槿紫色搭配水晶蓝色，邻近色的配色方式，给人一种优雅、轻盈的感觉。

配色速查

CMYK: 29,92,76,1
CMYK: 2,7,16,0
CMYK: 96,85,22,0

CMYK: 8,60,24,0
CMYK: 15,7,0,0
CMYK: 14,18,79,0

CMYK: 64,38,0,0
CMYK: 21,16,15,0
CMYK: 100,94,36,1

CMYK: 63,77,8,0
CMYK: 32,6,7,0
CMYK: 22,47,68,0

这是一款手拎包设计图案。该包饰以蓝色为主色调，加以五金装饰，造型设计简洁，与服装衣着搭配相称，整体设计给人一种精致、干练的都市淑女形象。

条纹图案的手拎包设计，搭配同样的高跟鞋设计，二者形成了强烈的视觉冲击效果。

色彩点评

■ 以蓝色为主色，搭配白色和黑色为点缀，给人以摩登时尚的感觉。

■ 在包饰上加以金色作装饰，为整体包饰增添了一丝精致感。

CMYK: 91,74,1,0　　CMYK: 0,0,0,0
CMYK: 93,88,89,80　CMYK: 9,38,53,0

推荐色彩搭配

C: 65	C: 4		C: 0	C: 0	C: 28		C: 95	C: 7	C: 15
M: 0	M: 34		M: 56	M: 0	M: 51		M: 92	M: 17	M: 82
Y: 19	Y: 30		Y: 18	Y: 0	Y: 88		Y: 42	Y: 53	Y: 3
K: 0	K: 0		K: 0	K: 0	K: 0		K: 8	K: 0	K: 0

这是一款钱包设计图案。该钱包形态简洁，使用单一的颜色搭配金属元素，没有任何花哨，唯一的金属装饰十分显眼，使钱包充满了少女气息。

经过精心选择的皮包具有画龙点睛的作用，合适的包饰搭配能够让你的气质更胜一筹。

色彩点评

■ 包饰以明丽的西瓜红色为主色，充满名媛风的靓丽俏皮感。

■ 搭配深色的服装，显得穿着者精明干练，并带有小女人的娇媚。

CMYK: 0,53,19,0　　CMYK: 44,41,42,0

推荐色彩搭配

C: 20	C: 7		C: 53	C: 4	C: 14		C: 18	C: 8	C: 15
M: 60	M: 17		M: 11	M: 7	M: 82		M: 8	M: 24	M: 82
Y: 0	Y: 53		Y: 10	Y: 22	Y: 32		Y: 60	Y: 0	Y: 3
K: 0	K: 0		K: 0	K: 0	K: 0		K: 0	K: 0	K: 0

这是一款双肩包设计图案。双肩包采用尼龙印花材料制作而成。配上五金拉链和五角星图案元素，时尚简约与实用方便的结合，已经成为休闲人士的首选。

大面积的五角星图案装饰加以突出的拉链设计，具有独特的美感。

色彩点评

■ 背包以蓝色为主色，以山茶红色、黑色作点缀，对比色的配色方式，极具吸引力。

■ 同样搭配蓝色调服装，整体搭配让人出行一直可以保持放松的心情。

CMYK: 86,71,20,0   CMYK: 14,79,56,0
CMYK: 93,88,89,80

推荐色彩搭配

C: 54	C: 2
M: 53	M: 16
Y: 0	Y: 41
K: 0	K: 0

C: 77	C: 0	C: 44
M: 63	M: 75	M: 36
Y: 0	Y: 12	Y: 34
K: 0	K: 0	K: 0

C: 75	C: 21	C: 4
M: 30	M: 41	M: 38
Y: 95	Y: 60	Y: 0
K: 0	K: 0	K: 0

这是一款单肩包设计图案。休闲款式的拼接单肩包搭配款式简单的服装，极具时尚气息。

色彩点评

■ 以红色为主色，以白色和黑色作点缀，给人稳定、协调的印象。

■ 搭配黑色的服装，使该包饰更加显眼，整体搭配给人大气、庄重的气息。

包饰以菱形图案设计而成，加以小装饰的点缀，既精致又时尚。

CMYK: 29,97,86,0   CMYK: 0,0,0,0
CMYK: 93,88,89,80

推荐色彩搭配

C: 25	C: 15
M: 99	M: 2
Y: 49	Y: 51
K: 0	K: 0

C: 88	C: 0	C: 96
M: 100	M: 0	M: 74
Y: 44	Y: 0	Y: 38
K: 1	K: 0	K: 2

C: 38	C: 9	C: 25
M: 87	M: 3	M: 31
Y: 0	Y: 21	Y: 0
K: 0	K: 0	K: 0

7.4 围巾

常用主题色：

CMYK:19,100,100,0 CMYK:37,53,71,0 CMYK:14,23,36,0 CMYK:16,13,44,0 CMYK:47,14,98,0 CMYK:84,46,25,0

常用色彩搭配

CMYK: 19,100,100,0
CMYK: 14,23,36,0

鲜红色搭配米黄色，饱和度较高的配色，能够给人热情、激情的视觉感。

CMYK: 37,53,71,0
CMYK: 25,0,90,0

橙黄色搭配鲜绿色，整体搭配给人一种清新自然、温暖如春的感觉。

CMYK: 16,13,44,0
CMYK: 67,54,100,13

黄绿色搭配青色，鲜明的色彩进行搭配，营造出生机和朝气的视觉感。

CMYK: 84,46,25,0
CMYK: 46,100,26,0

青绿色搭配鲜玫瑰红色，对比色的配色方式，给人一种明快、醒目的感觉。

配色速查

CMYK: 19,100,100,0
CMYK: 14,23,36,0
CMYK: 63,9,20,0

CMYK: 37,53,71,0
CMYK: 25,0,90,0
CMYK: 74,98,0,0

CMYK: 16,13,44,0
CMYK: 67,54,100,13
CMYK: 62,57,27,0

CMYK: 84,46,25,0
CMYK: 6,23,1,0
CMYK: 46,100,26,0

这是一款方巾设计图案。抽象的图案配色古典的配色，既和谐又冲撞，结合出奇妙的气场。以相交的方式系在脖子上，极具时尚气息。

丝质的材料，给人光滑、柔顺的感觉。较为时尚的系法，充分展现出优雅、精巧的气质。

色彩点评

■ 以红色为主色，深蓝灰色、褐色及米色作点缀，体现出个性、独特的美感。

■ 冷暖对比的配色方式，使人眼前一亮并留下深刻的印象。

CMYK: 30,84,72,0　CMYK: 39,71,87,2
CMYK: 83,79,48,12　CMYK: 11,18,27,0

推荐色彩搭配

C: 51　C: 58
M: 96　M: 50
Y: 43　Y: 100
K: 1　K: 5

C: 14　C: 4　C: 72
M: 72　M: 8　M: 48
Y: 33　Y: 23　Y: 22
K: 0　K: 0　K: 0

C: 30　C: 10　C: 11
M: 0　M: 19　M: 67
Y: 69　Y: 49　Y: 3
K: 0　K: 0　K: 0

这是一款披巾设计图案。披巾以"翅膀"图案设计而成，披在人的身上，给人一种随时飞起来的感觉。

轻薄的材质，加以翅膀图案，充分营造出翩然起舞的视觉感。

色彩点评

■ 披巾以青瓷绿色为底色，以褐色、米黄色作点缀，使整体造型更加清新脱俗。

■ 邻近色的配色方式，给人以典雅、高贵的感觉。

 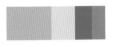

CMYK: 41,20,38,0　CMYK: 17,11,19,0
CMYK: 73,54,53,3　CMYK: 36,54,75,0

推荐色彩搭配

C: 54　C: 40
M: 8　M: 45
Y: 29　Y: 86
K: 0　K: 0

C: 56　C: 11　C: 14
M: 32　M: 56　M: 17
Y: 13　Y: 2　Y: 61
K: 0　K: 0　K: 0

C: 47　C: 48　C: 10
M: 55　M: 26　M: 56
Y: 0　Y: 0　Y: 49
K: 0　K: 0　K: 0

这是一款丝巾设计图案。丝巾以薄纱材质制作而成，加以夸张的图案元素设计，非常适合春夏季节佩戴。

色彩点评

■ 以白色为底色，以山茶红色、青瓷绿色以及铬黄色作点缀，鲜亮的配色，给人强烈的视觉感。

■ 轻薄的材质，加以鲜亮的色彩，给人翩然之感。

将长条丝巾对折成适当宽度，在颈部交叉打结，调试松紧度获得最佳效果。这是简洁不失靓丽的最佳系法。

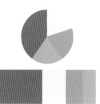

CMYK: 21,82,31,0　CMYK: 4,3,11,0
CMYK: 61,20,36,0　CMYK: 15,32,88,0

推荐色彩搭配

C: 13	C: 46
M: 72	M: 0
Y: 0	Y: 44
K: 0	K: 0

C: 11	C: 37	C: 33
M: 28	M: 11	M: 60
Y: 67	Y: 31	Y: 0
K: 0	K: 0	K: 0

C: 7	C: 13	C: 53
M: 75	M: 9	M: 39
Y: 22	Y: 43	Y: 0
K: 0	K: 0	K: 0

这是一款围巾设计图案。该围巾以棉麻材质制作而成，棉麻面料以它独特的穿着舒适性和款型的随意感赢得了大众的喜爱与追捧。

色彩点评

■ 围巾以米黄色为主色，以白色作点缀，营造出了一种轻松休闲的气息。

■ 搭配一件深灰色的上衣，更加突出了棉麻围巾的率性形象。

将质地柔软的围巾在颈部缠绕交叉，立刻呈现给众人优雅、质朴的形象。

CMYK: 23,33,40,0　CMYK: 0,0,0,0

推荐色彩搭配

C: 27	C: 26
M: 28	M: 9
Y: 37	Y: 15
K: 0	K: 0

C: 43	C: 15	C: 22
M: 26	M: 0	M: 41
Y: 16	Y: 34	Y: 46
K: 0	K: 0	K: 0

C: 36	C: 36	C: 16
M: 70	M: 31	M: 0
Y: 29	Y: 48	Y: 49
K: 0	K: 0	K: 0

常用主题色：

CMYK: 56,98,75,37　　CMYK: 3,53,0,0　　CMYK: 6,56,94,0　　CMYK: 5,19,88,0　　CMYK: 0,0,0,0　　CMYK: 89,51,77,13

常用色彩搭配

CMYK: 56,98,75,37
CMYK: 10,13,65,0

博朗底酒红色搭配浅黄色，暖色调的颜色搭配，容易提升观者的兴奋度。

CMYK: 3,53,0,0
CMYK: 5,19,88,0

粉色搭配金色，浪漫的马卡龙配色方式，展现甜美、优雅的视觉效果。

CMYK: 6,56,94,0
CMYK: 50,8,53,0

阳橙色搭配青瓷绿色，鲜明的色彩进行搭配，营造出柔美和朝气的视觉感。

CMYK: 89,51,77,13
CMYK: 37,93,58,1

铬绿色搭配深红色，对比色的配色方式，给人一种沉稳、醒目的感觉。

配色速查

  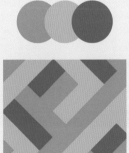 

CMYK: 56,98,75,37
CMYK: 10,13,65,0
CMYK: 0,8,15,0

CMYK: 3,53,0,0
CMYK: 5,19,88,0
CMYK: 33,0,7,0

CMYK: 6,56,94,0
CMYK: 50,8,53,0
CMYK: 88,52,50,2

CMYK: 89,51,77,13
CMYK: 13,6,50,0
CMYK: 37,93,58,1

这是一款手链设计图案。手链上镶嵌着紫水晶和珍珠，再加以镀金的手法制作而成，充分展现出精致的奢华感。

手链上点缀的一大颗粉钻，十分显眼。搭配白色的服装，充分展现出柔软、甜美的视觉感。

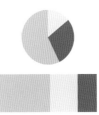

色彩点评

- 手链以浅金色为主色，以紫色和粉色作点缀，给人以尊贵优雅的视觉感。
- 粉色调的配色，充分展现出温柔的少女气息。

CMYK: 6,31,40,0　　CMYK: 7,11,9,0
CMYK: 58,79,42,1

推荐色彩搭配

C: 24　C: 4
M: 55　M: 9
Y: 0　 Y: 43
K: 0　 K: 0

C: 55　C: 0　 C: 6
M: 79　M: 0　 M: 28
Y: 13　Y: 0　 Y: 42
K: 0　 K: 0　 K: 0

C: 55　C: 7　 C: 24
M: 1　 M: 15　M: 45
Y: 25　Y: 63　Y: 0
K: 0　 K: 0　 K: 0

这是一款项链设计图案。项链以不同颜色、大小的绿松石和紫色钻石搭配而成，充分展现出复古、典雅的视觉感。

别出心裁的项链造型极具个性。搭配抹胸服装，使整体造型更显精致、优雅。

色彩点评

- 项链以青蓝色为主色，以黑色、紫色和浅绿灰色作点缀，给人一种轻灵的透彻感。
- 纯度较高的配色，低调中给人高贵之感。

CMYK: 96,89,74,66　CMYK: 84,55,36,0
CMYK: 45,28,35,0　　CMYK: 44,57,61,1

推荐色彩搭配

C: 82　C: 59
M: 47　M: 72
Y: 52　Y: 22
K: 1　 K: 0

C: 73　C: 47　C: 47
M: 94　M: 27　M: 56
Y: 26　Y: 41　Y: 91
K: 0　 K: 0　 K: 3

C: 90　C: 20　C: 49
M: 53　M: 17　M: 91
Y: 91　Y: 54　Y: 33
K: 22　K: 0　 K: 0

这是一款耳饰设计图案。该耳饰以白色钻石为主要材质，在摇曳中展现出宝石的切割光芒和精巧的镶嵌技艺，简约中增添了一抹华贵的色彩。

佩戴这种风格的耳环可以选择高发髻的发饰，否则耳环易与发丝、领口发生冲突。

色彩点评

■ 以白色为主色，以银色作点缀，亮眼的配色可使佩戴者更为引人注目。

■ 明亮的钻石会给人高贵、闪亮之感。

CMYK: 0,0,0,0　　　CMYK: 13,10,10,0

推荐色彩搭配

C: 14	C: 3		C: 32	C: 0	C: 71		C: 6	C: 1	C: 36
M: 35	M: 2		M: 16	M: 0	M: 59		M: 37	M: 16	M: 0
Y: 0	Y: 15		Y: 0	Y: 0	Y: 50		Y: 13	Y: 34	Y: 13
K: 0	K: 0		K: 0	K: 0	K: 3		K: 0	K: 0	K: 0

这是一款发饰设计图案。发饰采用红色水钻材质的凤凰造型设计而成，加以金色为底，充分透露出穿着者的性感与高贵。

发饰以"凤凰"图案为元素，无论是出席宴会还是派对，都会给人以高贵唯美的视觉印象。

CMYK: 29,100,95,1　CMYK: 8,26,48,0

色彩点评

■ 发饰以红色为主色，以金色作点缀，颜色饱和度较高的配色，给人以热情、高雅的感觉。

■ 搭配同款耳饰，非常适合在婚礼上佩戴。

推荐色彩搭配

C: 50	C: 21		C: 71	C: 20	C: 17		C: 30	C: 8	C: 27
M: 98	M: 34		M: 99	M: 35	M: 62		M: 89	M: 9	M: 7
Y: 77	Y: 56		Y: 13	Y: 0	Y: 70		Y: 5	Y: 37	Y: 84
K: 21	K: 0		K: 0	K: 0	K: 0		K: 0	K: 0	K: 0

第8章

服装配色的
经典技巧

　　色彩在服装设计中具有重中之重的作用，不同色彩之间的搭配会碰撞出不同的视觉效果，除了色彩本身，在服装设计时还要充分考虑到服装用途、风格、面料、图案、配饰等。在本章中将介绍一些常用的服装配色小妙招。

　　服装色彩搭配秉承着和谐与对比的差异原则。太过一致的色彩搭配会显得单调乏味；而色彩过于缤纷又会给人杂乱无章的感觉。

　　根据不同受众人群的职业特点以及性格特征，应设计适宜的服装搭配方案。

服装设计在选择配色时，首先应选择以一个颜色为主色。然后根据这个颜色来选择其他点缀色，可使用同色系的颜色，但是不宜过多。

- 该服装适合女性在日常休闲时穿着。服装以红色为主色，以深蓝色和白色作点缀，纯度较高的配色，给人以摩登、时尚的感觉。
- 卫衣搭配半身裙，裙边开衩设计，搭配金属高跟鞋，在不经意间露出美腿，性感又美丽，使得穿着者冬季温度与风度共存。

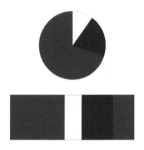

CMYK: 29,100,98,1
CMYK: 0,0,0,0
CMYK: 93,86,51,20
CMYK: 41,100,50,1

- 该服装适合女性在日常休闲时穿着。服装以矢车菊蓝色为主色，以亮黄色作点缀，对比色的配色方式，整体搭配具有清新、亮眼之感。
- 外套为长西服样式的棉服，内搭浅蓝色衬衫，下身为亮黄色长裤。在纯度上做改变，具有和谐的视觉感。
- 通过鞋子手包项链等夸张装饰，充分丰富细节，整体造型简约却不单调。

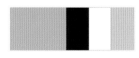

CMYK: 46,26,5,0
CMYK: 91,96,70,63
CMYK: 0,0,0,0
CMYK: 6,29,71,0

该服装适合女性在日常休闲时穿着。服装以深铬绿色为主色，以碧绿色、青绿色作点缀，邻近色的配色方式，使整个服装搭配极具层次的美感。毛衣搭配短裙，是较为时尚的搭配。

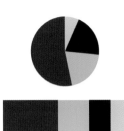

CMYK：92,77,66,43
CMYK：73,0,69,0
CMYK：100,100,63,50
CMYK：57,0,34,0

推荐配色方案

CMYK：94,74,66,40　CMYK：23,9,53,0
CMYK：10,70,91,0　CMYK：50,41,39,0

CMYK：87,50,44,0　CMYK：50,33,0,0
CMYK：22,32,33,0　CMYK：90,52,89,19

该服装适合女性在出席宴会时穿着。礼服以浅枯叶绿色为主色，以深洋红色作点缀，互补色的配色方式，对人的视觉具有最强的吸引力。加上在胸前交叉的设计，会让穿着者在宴会中成为最性感的一位。

CMYK：29,19,28,0
CMYK：39,99,62,1
CMYK：78,62,73,27
CMYK：57,54,57,1

推荐配色方案

CMYK：53,29,31,0　CMYK：69,49,0,0
CMYK：40,68,84,2　CMYK：33,96,36,0

CMYK：82,47,80,7　CMYK：58,31,49,0
CMYK：14,4,46,0　CMYK：46,83,0,0

在服装的配色中应用鲜艳的色彩时，要知道鲜艳的颜色容易拉伸人的视觉效果。所以不宜使用太多。如果过多使用，则会产生眼花缭乱的视觉感，从而降低整体美感。

- 该服装适合女性在秋季时穿着。服装以蓝黑色西服外套搭配水墨蓝色牛仔裤，加以水青色的衬衫作点缀，极具和谐的美感。
- 搭配红色的围脖以及水青色的斜挎包作服饰搭配，使其在整体服装中起到亮眼的作用，极具吸引力。

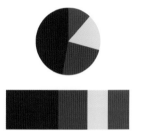

CMYK: 84,82,70,53
CMYK: 88,81,48,13
CMYK: 44,0,4,0
CMYK: 10,96,84,0

- 该服装适合女性在日常休闲时穿着。服装以象牙白色的上衣和10%亮灰色的休闲裤搭配而成，灰色调的配色方式，给人时尚、高雅之感。
- 蓝色的高跟鞋作点缀，为整体画面增加了一丝光亮感，极具魅力。

CMYK: 28,21,13,0
CMYK: 13,8,7,0
CMYK: 81,52,0,0

该服装适合女性在日常出行逛街时穿着。黑色西服外套搭配蓝黑色的毛衣，加以明黄色的紧身裤以及黑色短靴搭配而成。其中明黄色的裤子成了整套服装中最为亮眼的存在。为整体服装增添了些许开朗与阳光之感。

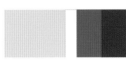

CMYK: 4,18,69,0
CMYK: 0,0,0,0
CMYK: 81,73,40,3
CMYK: 81,73,67,38

CMYK: 78,77,59,28　　CMYK: 60,0,61,0
CMYK: 25,19,19,0　　CMYK: 67,76,45,4

CMYK: 93,88,89,80　　CMYK: 38,73,0,0
CMYK: 17,13,12,0　　CMYK: 78,73,46,6

该服装适合女性在春秋季节时着装。服装以深柿子橙色的风衣搭配白紫色条纹的衬衣、淡紫色的不规则半身裙以及白色金属长靴搭配而成。充分展现出高贵时尚的气息。亮色的风衣、长靴可使穿着者在秋季的街头成为较为亮眼的存在。

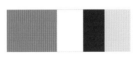

CMYK: 92,77,66,43
CMYK: 73,0,69,0
CMYK: 100,100,63,50
CMYK: 57,0,34,0

CMYK: 12,67,75,0　　CMYK: 18,13,13,0
CMYK: 5,9,60,0　　CMYK: 93,88,89,80

CMYK: 29,78,0,0　　CMYK: 12,19,30,0
CMYK: 77,63,0,0　　CMYK: 59,50,47,0

在服装搭配时,要注意全身服装的色彩尽量少于三种。过多的色彩搭配会使人产生凌乱感,不利于展现自身优势。黑、白、灰、金色不算入其中。

■ 该服装适合女性在日常休闲时穿着。服装以粉色为主色,以灰色和黑色作点缀,浅色调的配色方式,给人以优雅、柔和的感觉。

■ 粉红色的蕾丝裙上身设计着一个格子错视画的内衣,极具性感气息。

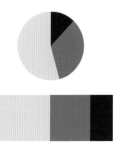

CMYK: 6,21,17,0
CMYK: 68,64,47,3
CMYK: 78,81,72,54

■ 该服装适合女性在日常休闲时穿着。服装以黄褐色为主色,以黑色和白色作点缀,纯度较低的配色,给人以成熟、稳重的感觉。

■ 短款的外套搭配稍长的白色衬衣以及黑色的皮裤,充分展现出干练、沉稳的视觉感。

CMYK: 83,80,76,61
CMYK: 0,0,0,0
CMYK: 27,44,69,0

该服装搭配适合女性在日常休闲时穿着。服装以短款的黑色小西服和长款不规则的长裙搭配而成。长裙以白色为底色，以褐色与黑色相搭配的不规则图案，极具设计感。

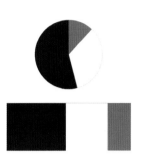

CMYK：83,80,76,61
CMYK：0,0,0,0
CMYK：44,72,88,6

CMYK：93,88,89,80　CMYK：23,9,53,0
CMYK：67,81,0,0　　CMYK：60,100,100,57

CMYK：73,44,100,4　CMYK：0,0,0,0
CMYK：69,8,10,0　　CMYK：93,88,89,80

该服装搭配适合女性在日常休闲时穿着。蓝黑色的西装套装，以白色的高跟鞋和红色袜子，以及红色的腰包作装饰，极具时尚、干练气息。服装中的红色极具吸引力。

CMYK：100,95,59,32
CMYK：0,0,0,0
CMYK：38,100,85,4

CMYK：100,100,58,20　CMYK：31,24,23,0
CMYK：12,48,90,0　　　CMYK：38,87,100,3

CMYK：84,72,15,0　CMYK：0,44,22,0
CMYK：0,0,0,0　　　CMYK：93,88,89,80

推荐配色方案

8.4 紧追流行色，做时尚达人

　　每年流行色协会都会根据各个领域趋势参考甄选出一些标志性的年度代表色，用来表达这一年正在发生的全球时代精神。而2019年流行色协会就为男性和女性时装推出了12种显眼色彩，以及4种经典中性色。所以可以利用流行色来进行服装的配色选取。

■ 该服装适合女性在日常休闲时穿着。服装以黑色为主色，以白色毛衣作内搭，以及与甜丁香色长裤相搭配，粉嫩的颜色在整体搭配上具有提亮效果。体现了一种素净清新的气质。

■ 这种颜色是今年的流行色之一，可爱的粉红色注入薰衣草，融合甜蜜的紫丁香。既能减淡粉红色的甜腻感又给普通的单品增添了一丝浪漫。

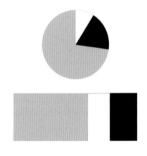

CMYK: 12,38,2,0
CMYK: 0,0,0,0
CMYK: 93,91,76,69

■ 该服装适合女性在日常休闲时穿着。服装以珊瑚橘色为主色，以蓝色作点缀，和蓝色系的碰撞也让珊瑚橘多了几分帅气。

■ 上身是采用鹿皮绒材质制作而成的斗篷，下身为蓝色简约牛仔裤。不同面料间的材质碰撞，让造型丰富又有气质。

■ 珊瑚橘是现在势头正劲的流行色，是一种亲切而有生气的颜色，温柔又有活力。

CMYK: 11,59,49,0
CMYK: 84,67,28,0

该服装适合女性在日常休闲时穿着。服装外配公主蓝色的毛呢大衣，加以褐色毛衣作内搭，以及与黑色条纹的长裤相搭配。不同于迪士尼公主们衣裙上的浅蓝，公主蓝色类似于宝蓝，却又比宝蓝色更浓郁，尤其碰上呢绒面料时，既深邃又浓郁。

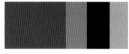

CMYK: 100,92,17,0
CMYK: 32,73,76,0
CMYK: 91,91,75,68
CMYK: 42,41,28,0

推荐配色方案

CMYK: 100,94,18,0　　CMYK: 32,35,0,0
CMYK: 42,53,87,1　　CMYK: 93,88,89,80

CMYK: 100,88,0,0　　CMYK: 0,45,7,0
CMYK: 21,55,99,0　　CMYK: 89,54,54,5

该服装适合女性在日常休闲时穿着。上衣为苔藓绿色不对称剪裁薄毛呢背心，下身为黑色的过膝皮裙，再搭配黑色绑带高跟鞋，充分展现了腿部线条。苔藓绿色相较于其他绿色，有种浓郁深度和年代感，充满韵味。此种颜色也是最显肤色白的颜色。

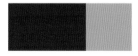

CMYK: 81,78,72,51
CMYK: 45,30,66,0

推荐配色方案

CMYK: 45,30,66,0　　CMYK: 48,100,82,19
CMYK: 20,18,23,0　　CMYK: 100,100,54,4

CMYK: 44,67,13,0　　CMYK: 22,64,100,0
CMYK: 24,18,18,0　　CMYK: 45,30,66,0

服装在搭配颜色时，从节日中提取色彩，就是将节日文化与色彩搭配相结合，建立色彩与节日文化间的映射关系，可以增强节日的标识性。例如：春节，可以选红色，热闹、喜庆。七夕，选用粉色，浪漫、温馨。中秋，选用黄色、月白色，团圆、美满。

■ 该服装适合女性在日常休闲时穿着。服装以红色为主色，以深白色、黑色和浅咖色作点缀，纯度较高的红色，给人以优美和典雅的感觉。

■ 红色外套气场十足，搭配黑白大格纹连衣裙、黑色裤袜和黑色尖头高跟鞋，欧美式的服饰搭配，极具名媛范儿。浅咖色的手提包显得十分和谐。

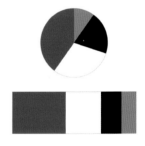

CMYK: 12,99,95,0
CMYK: 0,0,0,0
CMYK: 93,88,89,80
CMYK: 31,64,78,0

■ 该服装适合女性在日常休闲时穿着。服装以金色为主色，以米色作点缀，邻近色的配色方式，给人以健康、活力的感觉。

■ 上衣外套为金色皮质夹克，下身为格子样式棉麻哈伦裤，加以黄色的平底鞋以及米色棉麻质地背包作搭配，整体搭配更显活力、轻快。

CMYK: 7,26,82,0
CMYK: 13,16,24,0
CMYK: 2,7,12,0
CMYK: 67,89,84,61

该服装适合女性出门约会时着装。服装以浅粉色的上衣和浅玫瑰红色蓬蓬短裙以及红色的高跟鞋搭配而成。撞色的搭配，使服装整体格调错落有致，甜美加分。收腰的设计，极显身材。

CMYK: 9,76,34,0　　CMYK: 18,97,49,0
CMYK: 0,35,8,0　　CMYK: 48,100,100,22

CMYK: 18,99,74,0　　CMYK: 0,74,12,0
CMYK: 5,0,32,0　　CMYK: 24,66,0,0

CMYK: 3,12,11,0
CMYK: 0,80,37,0
CMYK: 43,100,100,12

该服装适合女性在日常休闲时着装。象牙白色的套装，搭配浅粉色的凉鞋以及鲜绿色的手提包，整体搭配令人有种舒适新鲜的视觉体验。

CMYK: 39,11,73,0　　CMYK: 9,33,24,0
CMYK: 5,0,32,0　　CMYK: 25,19,18,0

CMYK: 58,68,0,0　　CMYK: 0,23,16,0
CMYK: 0,0,0,0　　CMYK: 52,29,0,0

CMYK: 8,8,10,0
CMYK: 39,11,73,0
CMYK: 9,33,24,0

服装颜色搭配时，原始纯正、生机勃勃的自然色彩才是最打动人的配色元素。无论是山间的夜晚，或是清晨的林间景象，这些自然现象仿佛注入了神奇的魔法给人突如其来的惊喜，挑选合适的颜色注入服装设计中，都会使人眼前一亮。

■ 该服装适合女性在日常休闲时穿着。服装以白色为主色，以深叶绿色、黑色和驼色作点缀，充满自然的配色，给人以清新、时尚的感觉。

■ 白色的蕾丝连衣裙，在腰上系着一件条纹的针织毛衣作点缀，加上一个驼色的长筒袜以及黑色的平底鞋，在不经意间展现了充满自然的森女气息。

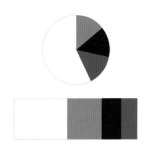

CMYK: 0,0,0,0
CMYK: 66,45,72,2
CMYK: 84,80,79,66
CMYK: 61,68,80,25

■ 该服装适合女性在日常休闲时穿着。服装以驼色为主色，以深米色和浅琥珀色作点缀，极具波西米亚风格的配色方式，给人以都市牧人的视觉感。

■ 针织毛衣搭配喇叭裤，在腰间系着流苏披肩，再搭配一件短靴，随心所欲的服装搭配，极具随性气息。

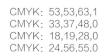

CMYK: 53,53,63,1
CMYK: 33,37,48,0
CMYK: 18,19,28,0
CMYK: 24,56,55,0

该服装搭配适合男性在日常休闲时着装。服装以钴绿色的针织毛衣搭配军绿色的哈伦裤以及黑色的皮鞋制作而成。整体搭配青春感十足，且极具新鲜、活跃的气息。

CMYK: 45,16,62,0
CMYK: 64,60,87,18
CMYK: 28,22,41,0
CMYK: 82,88,86,74

推荐配色方案

CMYK: 41,10,74,0　　CMYK: 74,47,74,5
CMYK: 44,16,37,0　　CMYK: 92,67,100,56

CMYK: 61,34,100,0　　CMYK: 30,7,59,0
CMYK: 14,9,24,0　　　CMYK: 82,27,100,0

该服装搭配适合女性在日常休闲时着装。该连衣裙以橄榄色为主色，搭配黑色的平底鞋，一字领抹胸设计加以在腰间系着腰带，在低调中展现出复古的性感印象。

CMYK: 66,50,80,19
CMYK: 82,75,72,49

推荐配色方案

CMYK: 66,60,80,19　　CMYK: 42,31,39,0
CMYK: 14,9,24,0　　　CMYK: 61,63,100,21

CMYK: 75,54,85,17　　CMYK: 0,0,0,0
CMYK: 65,32,73,0　　　CMYK: 29,31,78,0

8.7 撞色！巧用色相的强烈对比

　　两种色相具有强烈反差的颜色相搭配时，可以在一瞬间就引起观者的注意。但是应该注意两种颜色面积大小对比。通常主色的面积较大，而辅助色的面积较小，只起到点缀作用。

- 该服装适合女性在日常休闲时穿着。服装以青蓝色为主色，以宝蓝色和黄色作点缀，明度较高的配色，给人以新鲜、亮丽的感觉。
- 卫衣外套搭配大V领内搭与纱质的短裙，外加一双平底鞋，整体造型极具轻松、舒适感。

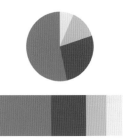

CMYK: 84,47,8,0
CMYK: 93,75,6,0
CMYK: 22,20,87,0
CMYK: 11,7,9,0

- 该服装适合男性在日常休闲时穿着。服装以红色为主色，以蓝色作点缀，撞色的运用使得男装系列多姿多彩，打造出一系列的花样男子造型。
- 整体服装以光滑的丝绸材质制作而成，在上身设计蓝色的斜条，极具鲜明独特的美感。

CMYK: 4,93,91,0
CMYK: 75,53,0,0
CMYK: 87,78,61,34

该服装搭配适合女性在日常运动时着装。整体服装以条纹和拼接色块元素制作而成，在传统运动装的基础上增添了创新感。服装以天蓝色、橙色、蓝黑色和绿松石绿色相互搭配制作而成，穿着者在运动时可以体现出一种活跃感。

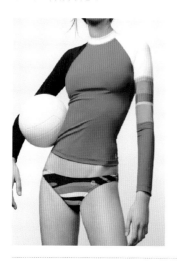

CMYK: 77,38,0,0　　　　CMYK: 22,20,87,0
CMYK: 1,23,30,0　　　　CMYK: 79,14,100,0

CMYK: 84,52,12,0　　　　CMYK: 56,0,92,0
CMYK: 0,50,68,0　　　　CMYK: 47,41,34,0

CMYK: 77,38,0,0
CMYK: 74,2,57,0
CMYK: 100,96,59,32
CMYK: 0,63,77,0

　　该服装搭配适合女性在日常休闲时着装。服装的上衣以白色内搭为底加以金色的大蝴蝶结作点缀，极具设计感。下身为牛仔蓝色的半身裙，搭配一双黑色加以白色涂鸦的手套和长靴作点缀，能够让穿着者在众多人群中成为亮眼的存在。

CMYK: 48,33,29,0　　　　CMYK: 13,11,38,0
CMYK: 22,15,92,0　　　　CMYK: 76,100,27,0

CMYK: 71,48,35,0　　　　CMYK: 26,42,62,0
CMYK: 15,100,81,0　　　　CMYK: 65,75,100,46

CMYK: 74,47,31,0
CMYK: 0,0,0,0
CMYK: 9,34,76,0
CMYK: 86,84,83,73

通过改变色彩的明度可以使服装的设计色彩统一、协调，且在协调中含有色彩的微妙变化。不同的明度，表现的气质也会不一样，同一款服装，当明度不同时，高明度会给人清新、华美的视觉感，而低明度则给人沉着、厚重之感。

■ 该服装适合女性在日常休闲时穿着。服装以浅枯叶绿色为主色，以深叶绿色作点缀，绿色调的配色方式，在低调中展现出时尚感。
■ 休闲的外套搭配一字领抹胸短款连衣裙，以及中长款靴子，在不经意间露出锁骨及腿部线条，既性感又美丽。

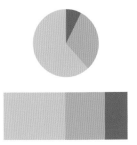

CMYK: 30,18,38,0
CMYK: 50,21,55,0
CMYK: 72,54,72,11

■ 该服装适合女性在日常休闲时穿着。服装以杏黄色为主色，叶绿色和白色作点缀，鲜明的配色给人浓郁的时尚感。
■ 卫衣搭配长裙，前短后长的百褶裙摆设计，使穿着者在走路时展现优雅的身姿。搭配白色的高跟鞋，为整体服装增添了一丝简洁感。

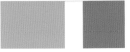

CMYK: 22,43,48,0
CMYK: 0,0,0,0
CMYK: 69,48,72,5

　　该服装搭配适合女性在日常休闲时着装。服装的上衣以天青色的呢绒大衣搭配白色衬衫以及蓝色调的短裙，再搭配深蓝色的手提包，冷色调的配色方式，十分抢眼。搭配一双黑色高跟鞋作点缀，为整体搭配增添一丝高雅干练气息。

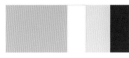

CMYK：50,24,3,0
CMYK：0,0,0,0
CMYK：37,4,16,0
CMYK：100,100,59,19

推荐配色方案

CMYK：71,48,35,0　CMYK：51,6,0,0
CMYK：24,7,15,0　CMYK：100,96,66,53

CMYK：69,31,62,0　CMYK：76,37,14,0
CMYK：0,0,0,0　CMYK：31,22,20,0

　　该服装搭配适合女性在日常休闲时着装。服装以灰白条纹的外套搭配棕色的连衣裙，以及棕色的高跟鞋，柔和的配色，给人一种自然而又都市化的味道，淡而有味。

CMYK：20,38,52,0
CMYK：3,2,3,0
CMYK：18,14,10,0
CMYK：9,6,64,0

推荐配色方案

CMYK：50,48,69,0　CMYK：14,22,54,0
CMYK：15,13,11,0　CMYK：62,25,100,0

CMYK：45,56,100,2　CMYK：22,22,35,0
CMYK：51,20,32,0　CMYK：17,9,38,0

　　高级感的服装款式通常需要删繁就简的设计方式，不会太过花哨。极简的款式搭配纯度较低的配色，给人清心寡欲的感觉。相比于纯度较高的亮色，纯度较低的颜色更能显得高级。建议衣服上最好不要有亮片、铆钉等这些因为浮夸穿不好而略显俗气的小点缀。

- 该服装以简约纯粹的风格搭配而成，服装以浅米色为主色，以象牙白色和黑色作点缀，柔和的配色方式，打造出行云流水般的整体感。
- 针织材质的外套搭配雪纺的内搭长裤，用不同的材质搭配出多样层次，在安宁低调之中展现出一种赏心悦目的视觉享受。

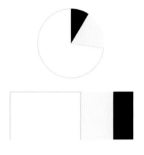

CMYK: 3,2,2,0
CMYK: 4,3,14,0
CMYK: 93,88,89,80

- 该服装适合女性在秋冬季节时穿着。服装以青灰色为主色，以白青色和黑色作点缀，纯度较低的配色，给人以一种朴素、静谧的感觉。
- 呢绒的外套搭配雪纺上衣以及长裤，简洁的剪裁设计，极具时尚气息。外加一双黑色的平底鞋，为整体服装增添了一丝稳重感。

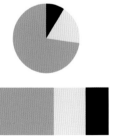

CMYK: 50,36,22,0
CMYK: 14,11,5,0
CMYK: 93,88,89,80

该服装搭配适合女性在日常休闲时着装。服装以深米色的格纹外套搭配浅米色内搭、灰土色的宽松长裤，以及棕色的手提包设计，灰色调的配色，使穿着者举手投足之间，尽显优雅的高贵气质。

CMYK：38,38,35,0
CMYK：32,36,38,0
CMYK：39,66,83,1
CMYK：84,82,82,70

推荐配色方案

CMYK：21,41,55,0　　CMYK：22,22,35,0
CMYK：56,47,44,0　　CMYK：67,54,100,13

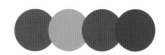

CMYK：42,76,100,6　　CMYK：27,37,82,0
CMYK：55,75,64,12　　CMYK：93,67,51,10

该服装搭配适合女性在日常休闲时着装。服装以浅优品紫红色的针织毛衣搭配白色的衬衫做内搭，加以蓝色的牛仔裤以及白色的高跟鞋，明度较低的配色，凸显干练的同时，更透露出一丝神秘和典雅。

CMYK：8,29,3,0
CMYK：0,0,0,0
CMYK：65,42,25,0

推荐配色方案

CMYK：49,95,0,0　　CMYK：21,46,0,0
CMYK：0,0,0,0　　　CMYK：8,29,3,0

CMYK：7,41,1,0　　CMYK：13,10,10,0
CMYK：39,31,30,0　　CMYK：79,100,17,0

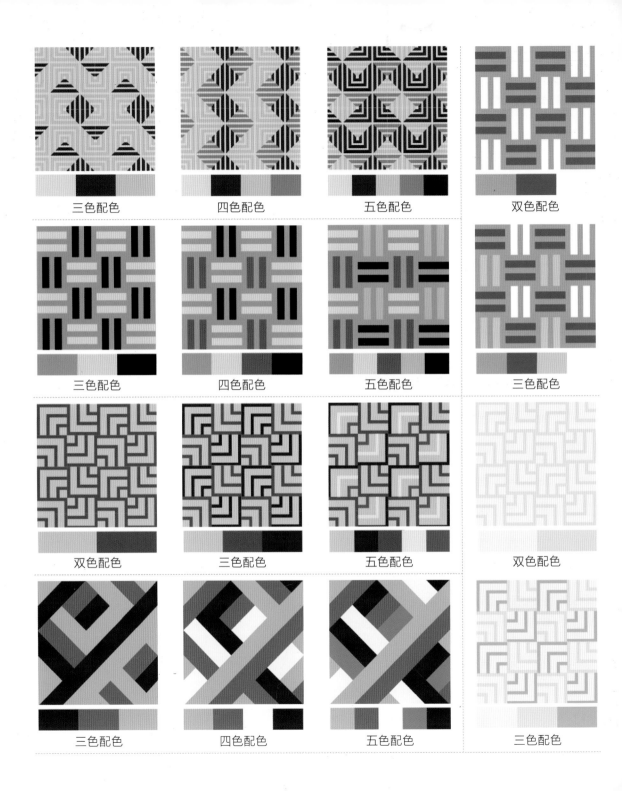

三色配色　　四色配色　　五色配色　　双色配色

三色配色　　四色配色　　五色配色　　三色配色

双色配色　　三色配色　　五色配色　　双色配色

三色配色　　四色配色　　五色配色　　三色配色